A. HERZEN

*Professeur de Physiologie à l'Université
de Lausanne*

Causeries

physiologiques

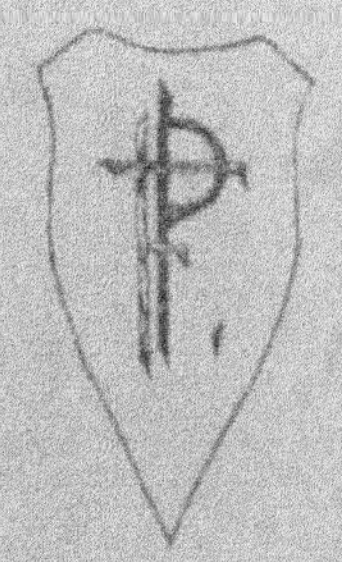

LAUSANNE

F. PAYOT, LIB.-ÉDITEUR
1, rue de Bourg, 1

PARIS

F. ALCAN, LIB.-ÉDITEUR
Boul. St-Germain, 108

1899

CAUSERIES PHYSIOLOGIQUES

OUVRAGES DU MÊME AUTEUR

La Digestion stomacale,   2 fr. 50
   Lausanne, BENDA et Paris, J.-B. BAILLIÈRE, 1886.

De l'Enseignement secondaire dans la Suisse romande. 1 fr. 50
   Lausanne, PAYOT, 1886. (Deuxième édition).

L'Enseignement public au point de vue social.
   Lausanne, PAYOT, 1887.

Le Cerveau et l'activité cérébrale,   3 fr. 50
   Paris, J.-B. BAILLIÈRE, 1887.

Survie prolongée à l'absence des deux nerfs vagues,   1 fr. —
   (Extrait des *Archives des Sciences physiques et naturelles de
   Genève*, 1894.)

Science et Moralité (question de mœurs).   0 fr. 50
   Lausanne, PAYOT.

CAUSERIES

PHYSIOLOGIQUES

PAR

A. HERZEN

Professeur de Physiologie à l'Université de Lausanne.

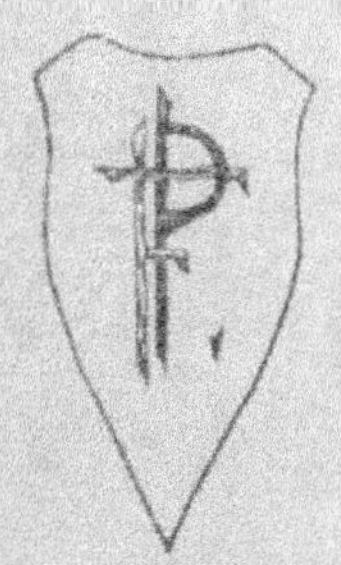

LAUSANNE
F. PAYOT, LIB.-ÉDITEUR
1, rue de Bourg, 1.

PARIS
F. ALCAN, LIB.-ÉDITEUR
Boul. St-Germain, 108.

1899

A mes filles, belles-filles et nièces.

A. HERZEN

Lausanne, 1899.

CAUSERIES PHYSIOLOGIQUES

I

QU'EST-CE QUE LA VIE ?

Depuis les temps les plus anciens, jusqu'à nos jours, savants et philosophes se sont efforcés de définir la vie ; ils n'y ont jamais réussi ; c'est qu'il ne s'agit point d'un objet limité, facile à décrire brièvement, mais d'une vue de l'esprit, d'une synthèse intellectuelle, où se fondent en une unité apparente de nombreux phénomènes concomitants, bref, d'une *abstraction*.

Voici ce que dit à ce sujet Cuvier :

« L'idée de vie est une de ces idées générales et obscures produites en nous par certaines suites de phénomènes que nous voyons se succéder dans un ordre constant et se tenir par des rapports mutuels ; quoique nous ignorions la nature du lien qui les unit, nous sentons que ce lien doit exister et cela suffit pour nous les faire désigner par un *nom* que bientôt le vulgaire regarde comme le sigue d'un *principe* particulier, quoique, en effet, ce nom ne puisse jamais indiquer que l'*ensemble des phénomènes* qui ont donné lieu à sa formation. »

Ne faisons pas comme le vulgaire, ne cherchons pas à saisir l'insaisissable ; formulons autrement notre question : au lieu de dire « qu'est-ce que *la vie?* », demandons-nous « qu'est-ce que *vivre?* » — Ainsi formulée, elle nous oblige, pour y répondre, de passer rapidement en revue les groupes et les séries de phénomènes dont l'*ensemble* constitue la vie.

1° Vivre c'est, en premier lieu, pour tous les êtres vivants sans exception, *se nourrir* et *se reproduire*. On ne vit comme individu qu'à la condition de se nourrir, c'est-à-dire de remplacer par des molécules nouvelles empruntées au milieu ambiant, celles qui quittent le corps et qui proviennent de la décomposition des substances dont il est formé. On ne vit comme espèce qu'à la condition de se reproduire, c'est-à-dire d'émettre des particules de son propre corps aptes à se développer et à « reproduire » des êtres semblables à celui dont elles émanent.

Il s'agit ici de phénomènes chimiques destinés à maintenir l'intégrité de composition de l'organisme et de chacune de ses parties, au moyen d'un incessant *échange de matière* entre l'être vivant et le monde extérieur. La reproduction n'est, au fond, rien d'essentiellement différent ; elle est une sorte de projection de la nutrition en dehors de l'individu.

Nutrition et reproduction représentent à elles seules toute la vie d'une multitude d'être animés.

2° Mais d'autres phénomènes, moins universels — en apparence du moins — que les précédents, se passent en outre chez un très grand nombre de ces êtres, si ce n'est chez tous : vivre c'est aussi *se mouvoir et sentir*. Dans ces deux sortes de phénomènes, les changements chimiques sont insignifiants ; le côté physique y prédomine et a seul de l'importance ; dans leur ensemble, ils constituent la *vie de relation*, et représentent une partie de l'*échange d'énergie* entre l'organisme et le monde extérieur. Quelques-uns sont, de plus, accompagnés d'un phénomène qui échappe aussi bien à la physique qu'à la chimie, qui est inaccessible à toute investigation objective : *la conscience*.

La motilité se laisse constater directement sans aucune difficulté ; beaucoup d'êtres vivants peuvent se déplacer, grâce à des mécanismes variés ; d'autres, plantes ou animaux, fixés au sol, ne peuvent exécuter que des mouvements partiels, modifier la position de telle ou telle partie de leur corps vis-à-vis des autres. Et s'il y a des êtres vivants qui paraissent absolument immobiles, c'est que chez eux la partie vraiment active, le protoplasma de leurs cellules, est renfermée dans des enveloppes rigides ; mais elle se meut dans l'intérieur de la cellule. La motilité est donc une propriété générale du protoplasma vivant.

En est-il de même de la sensibilité ? C'est là une question à laquelle la réponse est loin d'être aussi simple qu'il semblerait à première vue. Tandis que la motilité est une manifestation objective, résultat des modifications que les influences extérieures produisent dans l'organisme, la sensibilité est au contraire un phénomène *purement subjectif*, un *état* de la substance vivante, accompagnant ces modifications et éventuellement éprouvé, *senti* par l'être qui le subit ; celui-ci est averti, de cette façon, de ce qui se passe autour de lui. Mais la sensation, comme telle, ne se manifeste en aucune façon à l'extérieur ; aussi nous est-il bien difficile de juger non seulement de la qualité et de l'intensité des sensations que peut éprouver un être vivant *quelconque* en dehors de nous-mêmes ; chacun ne peut connaître directement et exactement que les sensations qu'il éprouve lui-même ; par rapport à nos semblables, et, à plus forte raison à des êtres appartenant à d'autres espèces, nous en sommes réduits à des conjectures basées sur des analogies. Or, la seule source de renseignements que nous possédions à cet égard est fournie par la manière dont les autres individus se comportent vis-à-vis des impressions extérieures qui les frappent : par leurs cris, leurs gestes, leurs actions, bref, par leurs *mouvements* ; ceux-ci sont la seule manifestation extérieure qui trahisse non seulement la qualité et l'intensité, mais la présence même, des sensations ; *la motilité est le seul critérium de la sensibilité.*

Il est clair que plus est grande l'analogie entre l'organisation et la manière d'agir d'un animal quelconque, vis-à-vis de circonstances données, et la nôtre, plus aussi nous sommes justifiés à en conclure à une analogie étroite entre les sensations qu'il éprouve et celles que nous éprouverions nous-mêmes dans les mêmes circonstances. Aussi sommes-nous tous convaincus que nos semblables sont doués d'une sensibilité à peu près identique à la nôtre. — Et, comme les animaux dont l'organisation se rapproche le plus de celle de l'homme, manifestent leurs sensations d'une façon qui ne diffère pas essentiellement de celle dont l'homme les manifeste, nous en concluons tout naturellement qu'ils possèdent une sensibilité fort analogue à la nôtre. — Cette conclusion devient de plus en plus incertaine et douteuse au fur et à mesure que nous observons des êtres dont l'organisation s'éloigne et diffère profondément de celle de l'espèce humaine ou des mammifères, ou des vertébrés : que savons-nous de la sensibilité d'un mollusque, d'un polype et surtout d'un de ces êtres élémentaires comme, par exemple, une amibe? Mais si, d'une part, nous ne possédons aucune donnée qui nous permette de juger des différentes modalités de sa sensibilité, nous n'avons, d'autre part, aucun droit de déclarer qu'il est privé de *toute* sensibilité ; le seul critérium étant, je le répète, les mouvements qu'il exécute sous l'influence de telle ou telle impression, nous sommes forcés de reconnaître, en poursuivant l'analogie du haut en bas de l'échelle zoologique, que tout animal qui réagit par des mouvements déterminés à des impressions déterminées, doit posséder un certain degré, si petit soit-il, de sensibilité. — Et s'il en est ainsi pour les animaux inférieurs, il doit en être de même pour les plantes, du moins pour celles qui se meuvent sous le coup des impressions extérieures ; beaucoup de plantes inférieures, leurs spores surtout, se comportent absolument comme des animaux, à tel point qu'elles ont pendant longtemps été prises pour des infusoires. Telles, par exemple, les euglènes.

Nous concluons, par conséquent, que la sensibilité est une propriété qui appartient à un très grand nombre d'êtres vivants, probablement à la plupart d'entre eux, peut-être à tous. Mais cela ne veut pas dire que la sensibilité des organismes inférieurs soit susceptible de la même intensité, des mêmes qualités et de la même précision que celle des organismes supérieurs ; elle est probablement faible, vague, indéfinie. Il est évidemment impossible de *voir* comme nous voyons, ou d'*entendre* comme nous entendons, sans posséder des yeux ou des oreilles comme les nôtres et des centres nerveux percevant, sous forme de lumière ou de son, les ébranlements qui leur arrivent de ces organes ; mais des ébranlements semblables, agissant sur la masse semi-liquide et amorphe d'une amibe, peuvent provoquer dans cette masse un état particulier, qu'elle éprouve comme agréable ou désagréable ; elle les recherche ou les évite, en effet, en exécutant les mouvements adaptés aux circonstances.

3° — Les phénomènes d'échange matériel et d'échange dynamique dont nous venons de parler, renferment, au fond, tout ce qu'il y a d'essentiel pour la vie la plus élémentaire ; mais chez un grand nombre d'êtres vivants, surtout chez les animaux supérieurs, la sensibilité s'épanouit en phénomènes intérieurs multiples et variés dans lesquels les caractères subjectifs ou, en d'autres termes, les *états de conscience*, l'emportent sur les changements chimiques et physiques qui les accompagnent ; ce sont les phénomènes qu'on appelle habituellement *psychiques* ; nous verrons plus loin quel en est le mécanisme ; néanmoins et bien que

l'activité psychique appartienne au domaine de
la sensibilité, l'importance de son développement
chez les animaux supérieurs, et notamment chez
l'homme, nous oblige à en faire l'objet d'une science
indépendante sous le nom de *psychologie*, — science
qui ne doit cependant jamais oublier sa modeste
origine biologique, ni renier son lien intime avec
la physiologie, sous peine de se priver elle-même
de la source vive qui l'alimente, et de se perdre
dans les nuages.

Longtemps on a voulu faire de l'activité psychique dans ses trois formes principales, sentiment,
pensée, volonté, un apanage exclusif de l'espèce
humaine ; nous allons voir que cela a été une profonde erreur.

Les phénomènes psychiques qui se rapprochent
le plus de la simple sensation et qui se manifestent, comme elle, le plus directement au-dehors
par des mouvements volontaires ou involontaires, sont les *sentiments*, les *émotions* et les *passions*. Qui oserait soutenir qu'ils manquent chez
les animaux — du moins chez les représentants
supérieurs du règne animal ? Chacun connaît les
manifestations de l'affection, de la jalousie, de la
colère, de la crainte chez les animaux domestiques.
Mais il est des sentiments plus complexes, que l'on
décore chez l'homme du nom de sentiments *moraux*, tels que la bienveillance, l'indignation, la

honte, le remords, et dont on nie l'existence chez les animaux ; c'est pourquoi je vais en citer quelques exemples.

Il y a des chiens qui mangent la viande de chien, cuite et même crue ; mais il y en a d'autres qui la refusent obstinément et qui se laisseraient mourir de faim plutôt que d'en manger. Eh bien, je procédais un jour à l'extirpation de la rate chez un chien lié sur la table d'opération et anesthésié par l'éther ; trois autres chiens se promenaient librement dans le laboratoire ; l'opération une fois terminée, l'idée me vint d'offrir cette rate, toute chaude et saignante, aux trois chiens qui allaient et venaient sans rien comprendre à ce qui se passait ; le plus rapproché arriva le premier, flaira la rate attentivement, puis se détourna avec indifférence et alla s'asseoir dans un coin de la salle ; le deuxième en fit autant ; le troisième, sans hésiter, happa la rate et se mit à la mâcher. Alors le premier chien se leva, s'approcha de lui à pas lents, dans l'attitude et avec l'expression d'un chien en colère ; il lui montra les dents en grognant fortement et, après avoir ainsi manifesté son indignation, retourna s'asseoir gravement dans son coin. Il faut avoir vu soi-même cette scène singulière et frappante pour en apprécier toute la portée ; pour moi, il est indubitable que ce chien a agi exactement comme un homme qui irait reprocher

à un autre l'infamie d'une action que celui-ci serait
en train de commettre.

Romanès raconte un grand nombre de cas semblables dans son intéressant volume sur « l'Intelligence animale » ; je choisis de préférence un exemple qu'il a observé lui-même sur son propre chien.
Ce chien s'amusait souvent à attraper les mouches qui voltigeaient contre les vitres ; il les tuait
en les mordillant et les rejetait ensuite par des
mouvements de la langue, — seule manière ca-
nine de cracher ; or, un jour, Romanès, assis à
côté d'une fenêtre, lisait : une mouche le déran-
geait par le bruit de ses ailes contre la vitre ; il
appela son chien et lui montra la mouche. Le chien
se dressa, essaya de l'attraper, mais n'y réussit
point ; stimulé par son maître, il essaya encore,
mais sans succès ; il allait, de guerre lasse, abandonner la partie, lorsque Romanès lui enjoignit sévèrement de prendre la mouche. Le chien se dressa
de nouveau, appuyant ses pattes antérieures à la
croisée, fit le mouvement de happer la mouche,
redescendit, mordilla, cracha, — mais il n'avait
rien attrapé du tout, il avait joué la comédie, il
avait trompé son maître, il lui avait menti ; alors
Romanès lui montra que par terre il n'y avait rien
et que la mouche continuait à se promener sur la
vitre ; le chien, tout penaud, baissa la queue et les
oreilles, alla se fourrer sous un canapé et y resta

blotti toute la journée. Un enfant pris sur le fait aurait-il mieux manifesté sa honte et son repentir ?

Encore un exemple, de bienveillance cette fois, qui m'a été fourni par un oiseau. Nous avions en cage un canari mâle qui avait toujours été seul, ignorant les joies et les soucis de la paternité. Or, un jour, un jeune moineau encore incapable de voler, tomba du toit. Il fut placé dans la cage du canari ; celui-ci, un peu étonné au premier moment, entra bientôt en une agitation singulière et nous nous demandions quelle pouvait en être la cause, frayeur ou colère : cherchait-il à fuir ou allait-il se jeter sur l'intrus, pour le chasser ? Nullement : tout à coup, il se mit, en effet, à faire, à plusieurs reprises, le tour de la cage, en picotant un peu partout, comme s'il cherchait quelque chose qu'il ne trouvait pas. J'eus alors l'idée de mettre dans la cage un peu de mie de pain trempée dans du lait ; immédiatement le canari s'en remplit le bec et alla donner la becquée au petit moineau. La chose est d'autant plus remarquable que le canari n'avait jamais vu de jeunes oiseaux et que le moineau secouru par lui ne ressemblait en rien à un jeune canari: presque aussi gros que son protecteur, à demi-nu, hérissé de plumes non encore développées, il aurait dû plutôt effrayer son hôte involontaire. Si celui-ci s'est mis au contraire en devoir de lui venir en aide et de le nourrir, il faut bien admettre qu'il avait compris la situation, qu'il avait reconnu en lui un être jeune, impuissant, incapable de subvenir lui-même à ses besoins ; sa conduite ne saurait être expliquée que par un sentiment de bienveillance ; ses mobiles ont été ceux qui nous poussent à venir en aide à des besoigneux.

Beaucoup d'animaux poussent l'amour de leurs petits, ou des jeunes de la même espèce et quelquefois d'autres espèces, jusqu'au dévouement. Chacun a certainement été témoin de faits de ce genre : le courage sans bornes avec lequel une chatte ou une poule défendent leurs petits au risque de se faire tuer par un animal beaucoup plus gros et beaucoup plus fort ; quiconque a vécu à la campagne a vu sans doute des oiseaux, habituellement si peureux, venir jusque sur des cages où se trouvaient enfermés des jeunes de la même espèce, et les nourrir à travers les barreaux ; ils savent très bien le danger auquel ils s'exposent, aussi se livrent-ils d'abord à une longue tactique, consistant à observer le lieu et les mouvements des gens et des bêtes qui se trouvent à proximité ; ils se rapprochent, ils s'éloignent de nouveau avec le vermisseau dans le bec ; ils hésitent, ils n'osent pas ; tout à coup, leur décision est prise : ils vont droit au but, puis s'envolent précipitamment. Nous n'agissons pas autrement quand nous courons à nos risques et périls au secours d'un de nos semblables.

Mais laissons les sentiments et les émotions ; aussi bien, personne ne nie plus leur analogie avec ceux que nous éprouvons nous-mêmes ; examinons une autre forme de l'activité psychique qui s'éloigne considérablement de ces formes élémentaires, « *instinctives* » dont nous venons de parler : la *pensée* proprement dite, le *raisonnement logique*, qui a une tendance beaucoup moins marquée à se traduire immédiatement par des actes ; les effets moteurs du raisonnement sont indirects et n'apparaissent qu'à plus ou moins longue échéance ; son intervention est caractérisée surtout par l'adaptation de la conduite à l'ensemble des circonstances, à des situations insolites.

J'avais un chien qui voulait à tout prix me suivre chaque fois que je sortais ; à plusieurs reprises il en a été grondé et puni ; il n'osait plus le faire ouvertement ; mais outre le chemin principal conduisant de la maison à la grand'route, il y avait un sentier qui se dirigeait d'abord en sens contraire, pour rejoindre la route après un grand détour ; un jour que je défendis sévèrement à mon chien de me suivre, il hésita un instant, puis, tout à coup, partit à fond de train par le sentier : quand j'arrivai sur la route, il se trouvait déjà à trente pas en avant, tout joyeux de m'avoir ainsi trompé. Ce stratagème lui ayant réussi, il l'adopta et le mit en pratique chaque fois que je voulais l'empêcher de me suivre.

Un monsieur qui habitait en Amérique, au bord d'un petit lac où il y avait beaucoup de caïmans, s'amusait à forcer son chien de traverser le lac à la nage ; c'était là une entreprise dangereuse, car, dès que les caïmans entendaient clapoter dans l'eau, ils arrivaient de toutes parts, dans l'espoir de trouver une bonne proie : deux ou trois expériences suffirent pour faire comprendre au chien non seulement le danger auquel il s'exposait, mais aussi la manière de l'éviter : chaque fois que son maître lui commandait de se jeter à l'eau, il commençait par faire tout près du bord autant de bruit que possible pour attirer les caïmans ; puis, quand il jugeait que la plupart d'entre eux se dirigeaient vers le point où il se trouvait, il partait ventre à terre pour entrer tout doucement dans l'eau, du côté opposé du petit lac et le traversait obliquement.

On sait que la Tamise subit le flux et le reflux des marées ; un homme d'affaires qui habitait près du fleuve, prenait chaque matin le bateau à vapeur pour se rendre à son bureau et laissait son chien à la maison. Souvent l'idée venait au chien d'aller trouver son maître, mais il était

obligé pour cela de traverser le fleuve à la nage.
Or avant d'entreprendre ce voyage, il se livrait à
l'expérience suivante : il allait sur le débarcadère
tenant dans sa bouche un morceau de bois qu'il
laissait tomber dans l'eau et qu'il observait ensuite ; si le courant emportait le morceau de bois
dans la bonne direction, il n'hésitait pas à partir ;
mais si le morceau de bois remontait en sens inverse, il rentrait à la maison.

Un chat avait observé que tous les jours, après
le repas, on secouait la nappe par la fenêtre de la
salle à manger, et que les miettes ainsi répandues
attiraient beaucoup de petits oiseaux ; posté aux
aguets, il en faisait facilement son régal. Un jour,
la neige recouvrit les miettes et le chat attendit
en vain. Le lendemain, même déception ; il s'en
alla alors, pour revenir bientôt avec un morceau
de pain dans la bouche ; il écarta la neige de ses
pattes, et déposa le pain bien en évidence, au milieu de l'espace déblayé ; son truc ne manqua pas
d'attirer les oiseaux.

On trouvera un grand nombre d'exemples semblables dans le livre de Romanès cité plus haut ;
j'en donnerai cependant encore un qui a été publié plus tard par M. Head. Il apprit à son canari
une manière fort étrange de s'abreuver : un récipient avec de l'eau était placé au pied du perchoir ;
pour atteindre l'eau, le canari devait caler un pe-

tit godet attaché à une chaînette et le remonter ensuite ; il tirait la chaînette avec son bec et la retenait avec une patte, et continuait cette manœuvre jusqu'à ce que le godet fût arrivé en haut et que l'eau se trouvât à portée de son bec ; puis il redescendait peu à peu le godet.

Il me semble que ce sont là des actions *intelligentes*, tout à fait comparables à celles de l'homme. Sans doute ces animaux ne sont point des philosophes ; mais c'est là une question de *degré* ; et non de différence *essentielle* entre l'intelligence humaine et la leur ; personne ne conteste d'ailleurs la supériorité incomparable de l'homme, — supériorité due, en grande partie, au développement chez lui d'un système très complet de signes de communication entre individus ; c'est, évidemment, le langage articulé qui permet à chaque homme de communiquer son expérience aux autres, et à tous de profiter de l'expérience de chacun ; le langage développe l'intelligence, et celle-ci développe à son tour le langage ; et c'est ainsi que le progrès et la civilisation deviennent possibles.

Mais cela n'est pas une raison de dénier l'intelligence aux animaux qui ne possèdent pas de langage *articulé*. Celui-ci est sans nul doute la forme la plus parfaite du *langage*, mais il n'est pas la seule. Ce qui importe, c'est qu'on se comprenne, et on se comprend souvent aussi bien grâce à des gestes et à la mimique, accompagnés ou non de sons articulés, de cris, d'interjections, qu'au moyen de vraies paroles. Chacun connaît l'attitude et l'expression de soumission ou de menace de la part des animaux ; quand on entre dans un jardin et qu'on y rencontre un chien, pas n'est besoin qu'il nous *dise :* Prends garde, va-t-en ou je te mords, ou bien : Bonjour, mon cher ami, charmé de te voir. On reconnaît immédiatement ses intentions bienveillantes ou hostiles à toute son attitude, à sa démarche, aux mouvements de sa queue, à la position de ses oreilles, à l'expression de ses yeux. Ce sont, il est vrai, des signes visuels plutôt que des signes acoustiques ; mais là n'est pas l'essentiel. Les sourds en sont aussi réduits à un langage composé de gestes et qu'ils ne peuvent percevoir que par la vue ; dira-t-on pour cela qu'ils sont privés d'intelligence ? Et si le trait caractéristique du langage humain est qu'il se compose de signes vocaux, les animaux, eux aussi, ont recours à la voix et savent très bien se faire comprendre entre individus de la même espèce et même d'espèces différentes : leur langage est seulement beaucoup moins varié que le nôtre et ne peut exprimer qu'un nombre très restreint de sentiments et d'émotions élémentaires.

Je ne veux pas trop insister, de mon chef, sur

ce sujet ; on pourrait m'accuser de partialité pour la manière de voir des grands maîtres de l'école transformiste ; je préfère me placer sous l'égide de savants non moins distingués, mais adversaires convaincus de l'évolutionisme darwinien et hommes sincèrement et profondément religieux, — tels que Agassiz et Quatrefages ; leur témoignage aura d'autant plus de valeur que tout l'ensemble de leurs opinions les portait plutôt à conclure le contraire. Je leur cède la parole.

Voici ce que dit Agassiz :

« Quel est l'observateur qui, après avoir constaté cette analogie entre certaines facultés de l'homme et certaines facultés des animaux supérieurs, peut, dans l'état actuel de nos connaissances, se dire capable de tracer la limite où cesse ce qu'il y a de naturellement commun à l'un et aux autres ? Assurément, pour parvenir à déterminer l'exact caractère de toutes ces facultés, il n'y a qu'une voie ouverte : c'est l'étude des mœurs des animaux et la comparaison entre ces êtres et l'homme aux premières phases de son développement. J'avoue que je ne saurais dire en quoi les facultés mentales d'un enfant diffèrent de celles d'un jeune chimpanzé.

« Quand les animaux se battent, quand ils s'associent pour un but commun, quand ils s'avertissent l'un l'autre, quand ils montrent de la tristesse ou de la joie, ils manifestent des mouvements de même espèce que ceux qu'on met au nombre des attributs moraux de l'homme. Leurs passions sont aussi fortes et aussi nombreuses que celles de l'âme humaine, et il m'est impossible d'apercevoir une différence de nature entre les unes et les autres, encore qu'elles puissent différer beaucoup dans le degré et dans l'expression. La gradation des facultés morales, des animaux supérieurs à l'homme, est tellement imperceptible que, pour dénier aux premiers un certain sens de responsabilité et de conscience, il faut exagérer outre mesure la différence qu'il y a entre eux et l'homme.

» Quiconque étudiera le chien avec attention pourra se convaincre que les impulsions auxquelles cède cet animal sont analogues à celles qui meuvent l'homme. Elles sont réglées de manière à mettre en évidence des facultés psychiques à tous égards de la même nature que celles de l'homme. Le chien exprime par la voix ses émotions et ses sentiments avec une précision qui les rend aussi intelligibles à l'homme que le langage articulé d'un de ses frères. Sa mémoire a une puissance rétentive qui dépasse celle de la mémoire humaine. Sans doute, toutes ces facultés sont loin de faire du chien un philosophe ; mais certainement elles le mettent au niveau d'une portion considérable de la pauvre humanité. Que la voix des animaux se fasse comprendre des uns aux autres et que toutes leurs actions se rapportent à ces appels, c'est là encore un puissant argument en faveur de leurs facultés de perception et de leur aptitude à agir, spontanément et logiquement, d'après ces perceptions. Il y a un vaste champ ouvert à l'étude dans les relations qui existent entre la voix et les actions des animaux. Un sujet de recherches plus intéressant encore est offert par ce qu'il y a de commun dans les cycles particuliers d'intonation que chaque espèce animale d'une même famille est capable d'émettre. Autant que j'en puis juger, il y a entre ces cycles les mêmes rapports qu'entre ce qu'on appelle les différentes familles de langues. »

Écoutons maintenant de Quatrefages :

« Trouverons-nous les caractères du règne humain dans les facultés de l'esprit? Certes, il ne peut entrer dans ma pensée d'identifier le développement intellectuel de l'homme avec l'intelligence rudimentaire des animaux, même les mieux doués. Entre eux et lui, la distance est tellement grande, qu'on a pu croire à une dissemblance complète; mais il n'est plus permis de penser ainsi. L'animal a sa part d'intelligence ; ses facultés fondamentales, pour être moins développées que chez nous, n'en sont pas moins les mêmes au fond. L'animal sent, veut, se souvient, raisonne, et l'exactitude,

la sûreté de ses jugements ont parfois quelque-
chose de merveilleux, en même temps que les erreurs qu'on lui voit commettre démontrent que ces
jugements ne sont pas le résultat d'une force
aveugle et fatale. Parmi les animaux, d'ailleurs,
et d'un groupe à l'autre, on constate des inégalités
très grandes. A ne prendre que les vertébrés, nous
voyons que les oiseaux, bien supérieurs aux reptiles et aux poissons, le cèdent de beaucoup à certains mammifères. Trouver au-dessus de ces derniers un autre animal d'une intelligence très
supérieure n'aurait, en réalité, rien d'étrange. Il
n'y aurait là qu'une différence du moins au plus,
il n'y aurait pas de phénomène radicalement nouveau.

» Ce que nous venons de dire de l'intelligence
en général, s'applique également à sa manifestation la plus haute, au langage. L'homme seul, il
est vrai, possède la *parole*, c'est-à-dire, la *voix
articulée*; mais deux classes d'animaux ont la
voix. Chez eux, comme chez nous, il y a production de sons traduisant des impressions, des idées,
et compris non seulement par des individus de
même espèce, mais encore par l'homme lui-même…

» Ce langage est bien rudimentaire sans doute;
on pourrait dire qu'il se compose uniquement d'interjections. Soit, mais il suffit aux besoins des
êtres qui l'emploient et à leurs rapports récipro-

ques. Au fond, diffère-t-il du langage humain soit par le mécanisme de la production, soit par le but, soit par les résultats ? L'anatomie, la physiologie, l'expérience nous apprennent que non. Encore ici il y a donc un progrès, un perfectionnement immense, mais il n'y a rien d'essentiellement nouveau. »

Voilà pour les animaux. Or, le langage humain n'est pas un *tout* à limites fixes, un bloc immuable et toujours identique à lui-même, que l'on possède en entier ou qu'on ne possède point : il a varié et il varie encore énormément, dans le temps et dans l'espace. Tout le monde sait que le nombre de mots dont disposent les individus pour exprimer leurs sentiments et leurs idées, est loin d'être le même pour tous ; mais on ne se doute guère habituellement jusqu'où peuvent aller ces différences. On a fait en Angleterre la curieuse statistique suivante : Shakespeare s'est servi dans ses œuvres de 16 000 mots différents, Milton en a employé 12 000 ; l'Anglais actuel, d'une instruction supérieure, (médecin, ingénieur, avocat, journaliste,) n'en emploie guère que 3000 ; enfin, l'ouvrier rural de bas étage ne possède pour tout vocabulaire que 300 mots. Il y a des peuples sauvages en Afrique qui n'ont que 100 paroles à leur disposition, si bien que les membres de certaines tribus ne se comprennent pas dans l'obscurité : ils ont besoin, pour se comprendre, d'accompagner le peu de mots qu'ils connaissent d'une mimique et d'une gesticulation qui en diversifie et en précise le sens. La différence entre les deux extrêmes est, on le voit, très considérable; il ne manque plus que l'anneau intermédiaire pour relier le langage humain le plus imparfait avec le langage le plus parfait dont soit capable un animal.

Or, quelques animaux, les perroquets surtout, apprennent fort bien à imiter le langage humain; Napoléon III, invité à une chasse par Rothschild, ne fut pas peu surpris d'entendre dans la forêt le cri de : *Vive l'empereur*, partant du haut des arbres; c'étaient des perroquets auxquels Rothschild avait fait enseigner cette phrase, et qu'il avait lâchés dans le bois. Évidemment, en répétant cette phrase ou d'autres plus longues et plus compliquées encore, le perroquet ne comprend pas ce qu'il dit, il ne fait que répéter des *sons*, qui n'ont pour lui aucune signification. Mais il n'en est pas toujours ainsi. Le docteur Wilks a longuement et soigneusement étudié son perroquet qui avait appris à « dire » une foule de choses et les répétait comme une sorte de phonographe vivant; mais en dehors de ce tour de force d'articulation, il possédait un certain nombre de mots qu'il avait appris ou qu'il s'était forgés, dont il connaissait parfaitement le sens et *qu'il employait à propos* : tous les

matins le cocher du docteur venait demander les
ordres de son maître et s'enquérir de l'heure à laquelle il devait atteler ; le docteur lui répondait
presque tous les jours : « à 2 ½ heures » *(half
past two)* ; le perroquet s'imagina que c'était là le
nom du cocher, et toutes les fois qu'il l'apercevait,
il criait Half past two. Il aimait beaucoup, comme
la plupart de ses congénères, le fromage et les
noix. On lui en enseigna le nom *(chease, nuts)* ; il
assistait, sur son perchoir, aux repas de son maître ; vers la fin du dîner il se mettait à crier à tue-
tête : chease ! chease ! nuts ! nuts ! jusqu'à ce
qu'on eût satisfait son désir ; il savait donc parfaitement que ces deux mots, ou ces deux sons,
si l'on veut, indiquaient les deux objets de sa convoitise ; ce n'est pas autrement qu'un enfant apprend à parler. Ce perroquet était lié d'une grande
amitié avec un jeune chat qui venait souvent jouer
avec lui ; lorsque le chat tardait à venir et que le
perroquet s'ennuyait, il l'appelait en criant : *Miaou,
miaou !* Personne ne lui avait enseigné à appeler
ainsi son compagnon de jeux ; il avait inventé tout
seul le nom qu'il lui donnait et ce nom, — étrange
coïncidence, — était une onomatopée, telle précisément qu'on les rencontre en grand nombre dans
le langage des enfants et des peuples primitifs.
M. Wilks croit que son perroquet employait sciemment une *trentaine* de mots.

Le langage articulé est donc lui aussi une de ces manifestations qui n'apparaissent pas tout à coup et entières, mais qui, partant de fort modestes débuts, se développent peu à peu : ses origines se perdent insensiblement dans le règne animal ; il se diversifie et se complique par une lente évolution, qui le porte de ses rudiments à la perfection qu'il atteint chez les races humaines supérieures et surtout chez les individus supérieurs au sein de ces races. — Poussons à l'extrême la dernière phrase de Quatrefages : « encore ici il y a donc un progrès, un perfectionnement immense, mais il n'y a rien d'essentiellement nouveau ». Supposons qu'au haut de l'échelle zoologique, au-dessus des mammifères supérieurs, des quadrumanes, des anthropomorphes, apparaisse un animal doué en même temps d'un cerveau supérieur au leur et d'organes de phonation et d'articulation supérieurs à ceux du perroquet, et nous aurons un *animal parlant*. Grâce à ces particularités d'organisation, il pourra, mieux que tous les autres animaux, communiquer avec ses semblables : l'expérience de chaque individu ne demeurera plus isolée, mais se transmettra de l'un à l'autre, d'une génération à l'autre, pendant des siècles et des siècles ; de la simple sensation de plaisir ou de douleur, ces êtres hypothétiques arriveront, à force d'accumuler les expériences, à déduire que souvent un plaisir actuel a des conséquences funestes et qu'un déplaisir peut, à la longue, être fécond en effets bienfaisants ; les notions abstraites de l'utile et du nuisible auront germé dans leur esprit ; utilité et nocuité, limitées d'abord à l'individu, puis étendues à la famille, à la tribu, à la société : dès lors, ces animaux se mettront à formuler des règles de conduite qu'ils enseigneront à leurs petits ; certaines actions seront recommandées, d'autres interdites ; on nommera bonnes ou morales les premières, mauvaises ou immorales les secondes ; celles-là seront louées et récompensées, celles-ci blâmées et punies…

Quelle étrange hypothèse, n'est-ce pas ?

Nous savons à présent quels sont les groupes et les séries de changements, chimiques, physiques et psychiques, dont l'ensemble constitue la vie. La science qui étudie ces trois ordres de phénomènes, isolément ou conjointement, c'est la *Physiologie*. Elle se divise tout naturellement en trois parties :

1° L'étude des changements où le côté *chimique* prédomine ; toutes les fonctions de nutrition proprement dites rentrent dans cette catégorie ;

2° L'étude des phénomènes à prépondérance manifeste du changement *physique*, comprenant toutes les fonctions de la vie de relation ;

3° Enfin, l'étude des phénomènes caractérisés surtout par l'état de conscience qui les accompagne, c'est-à-dire de la vie *psychique*.

Il ne faut cependant pas prendre cette division trop au pied de la lettre ; de même que toutes nos classifications, elle est plus ou moins artificielle ; chaque classe de phénomènes est caractérisée seulement par la *prépondérance* de telle ou telle autre forme de changements. Ainsi, dans une glande qui sécrète, le phénomène essentiel est un changement chimique ; mais il est accompagné de changements physiques : dégagement de chaleur, modification du potentiel électrique ; dans un muscle qui se contracte, le phénomène essentiel est un changement physique : modification de la rétractilité élastique ; mais il est accompagné de décompositions chimiques : production d'acide carbonique et d'acide lactique ; dans le cerveau qui sent ou qui pense, le phénomène essentiel est l'état de conscience, mais il s'y passe en même temps des changements chimiques et physiques : calorification, négativité électrique, décomposition chimique. — De sorte qu'en conclusion, tous les phénomènes vitaux sont en même temps *physico-chimiques* et quelquefois psychiques par dessus le marché.

II

CONDITIONS ET ORIGINE DE LA VIE

I. CONDITIONS DE LA VIE

Les phénomènes dont l'ensemble constitue la vie ne peuvent évidemment avoir lieu que dans certaines conditions.

Quelles sont ces conditions ?

Elles sont en partie intérieures et en partie extérieures ; les premières doivent subvenir au maintien de l'intégrité chimique et structurale de l'organisme tout entier et de ses différentes parties : c'est la *nutrition* qui s'en charge. Les conditions extérieures sont celles qui doivent régner dans le milieu ambiant pour que l'existence de l'organisme soit possible et pour que la nutrition puisse s'accomplir.

Nous allons examiner d'abord les conditions *extérieures* de la vie, et en premier lieu ses conditions *chimiques*.

Du moment que la substance vivante se désagrège sans cesse et se consume, il faut que le milieu ambiant contienne certains éléments chimiques
ou certaines combinaisons plus ou moins stables,
sous une forme qui permette à l'organisme de les
utiliser pour réparer ses pertes.

Les gaz indispensables aux êtres vivants sont
contenus dans l'air atmosphérique ou dissous dans
l'eau ; ils sont au nombre de trois, deux éléments,
l'azote et l'oxygène, et un composé, l'acide carbonique. Bien que tout protoplasma vivant contienne des substances azotées et que cet élément
soit par conséquent un constituant nécessaire à
son existence, l'azote libre et gazeux, tel qu'il se
trouve dans l'air dont il forme les trois quarts,
n'est pas utile aux êtres vivants ; ils peuvent fort
bien s'en passer et continuer à vivre dans un air
artificiel où l'azote est remplacé par de l'hydrogène ;
mais ils ne peuvent absorber et assimiler cet élément que s'il leur est offert sous forme de certaines combinaisons sur lesquelles nous reviendrons
plus loin. Seules quelques plantes, certains microbes notamment, feraient exception et pourraient
s'approprier directement l'azote atmosphérique.

Il en est tout autrement pour l'oxygène : sa
présence à l'état libre, mélangé à l'azote de l'air
ou dissous dans l'eau, est absolument indispensable
à tous les êtres vivants, qui le puisent directement,

comme tel, dans le milieu gazeux ou liquide qu'ils habitent, et qui remplacent ainsi continuellement celui qu'ils expulsent combiné à du carbone, sous forme d'acide carbonique. L'oxygène ne doit cependant pas se trouver dans le milieu ambiant en trop grande concentration ; il faut qu'il soit dilué ; dans l'air, il ne constitue qu'un quart environ du mélange. Une forte augmentation du pour cent d'oxygène dans le sang ou dans les tissus d'un animal provoque des convulsions et une mort rapide. Les seuls êtres vivants dont on ait cru qu'ils fassent exception, en ce sens qu'ils pourraient se passer d'oxygène libre pour les besoins de leur nutrition, sont les microbes anaérobies ; ils prendraient l'oxygène dont ils ont besoin aux substances liquides dans lesquelles ils vivent, en les décomposant ; il est cependant probable que ce qui leur convient, ce n'est pas l'absence totale d'oxygène libre, mais sa présence en quantités extrêmement petites ; la moindre augmentation de cette quantité leur serait nuisible et ils succomberaient bientôt à l'action toxique d'un excès d'oxygène — fût-il beaucoup moins considérable que celui qui nuit aux autres êtres vivants.

Saisissons cette occasion pour rappeler que l'échange gazeux, la *respiration* des plantes est identique à celle des animaux : elles aussi exhalent de l'acide carbonique et absorbent de l'oxygène ;

seulement, chez elles, cet échange est masqué, et en apparence renversé, par d'autres phénomènes chimiques, grâce auxquels il y a production et accumulation de substances organiques, accompagnés d'un dégagement d'oxygène et d'une rétention d'acide carbonique : mais ces phénomènes n'ont lieu qu'en plein jour, sous l'influence des rayons du soleil ; à l'obscurité, pendant la nuit, l'échange gazeux des plantes est le même que celui des animaux, quoique beaucoup moins copieux ; la différence n'est donc que *quantitative* ; nous en dirons plus loin la raison.

L'acide carbonique, qui se trouve en très petite quantité dans l'air atmosphérique, n'est en aucune façon utile aux animaux ; il s'en produit sans cesse au sein même de l'organisme, grâce à la décomposition des substances qui constituent celui-ci et s'il n'était pas sans cesse éliminé, il empoisonnerait l'animal et le tuerait à bref délai. Il s'en va, en effet, par diffusion ; il est donc indispensable que le milieu ambiant n'en contienne que fort peu, car toute augmentation de sa dose créerait, proportionnellement, un obstacle à la diffusion ; et il en résulterait une rétention et une accumulation plus ou moins rapide d'acide carbonique dans le sang et dans les tissus, et la mort par asphyxie. Néanmoins la présence de ce gaz dans l'air est une des conditions de la vie à la surface du globe terrestre, car c'est de lui que les plantes tirent, en l'absorbant et en l'assimilant, la plus grande partie du carbone qui entre dans leur composition. C'est ainsi qu'elle produisent les substances organiques qui constituent leur masse ; et comme l'organisme animal ne possède pas la propriété de former des substances organiques, il en est réduit, pour se nourrir, à les puiser toutes faites dans le milieu ambiant ; tout animal est, directement ou indirectement, herbivore : le carnivore se nourrit, il est vrai, d'autres animaux, mais ceux-ci se nourrissent de plantes, et le règne animal tout entier est, à ce point de vue, un parasite du règne végétal. Sans plantes, il ne saurait y avoir d'animaux, toute vie cesserait ; et voilà comment l'acide carbonique de l'air est une condition inéluctable de la vie.

Le composé chimique le plus indispensable à la vie et le plus universellement répandu, c'est l'*eau* ; tout ce qui vit est humide, semi-liquide, car la mobilité moléculaire indispensable à l'accomplissement des phénomènes physico-chimiques, dont la matière vivante est le siège, n'est possible qu'à cette condition. Tous ces phénomènes sont arrêtés dans un corps solide ; on peut obtenir la solidification de deux manières différentes : soit par l'essiccation, soit par la congélation ; or, même les substances organiques les plus instables se maintiennent indéfiniment tant qu'elles sont sèches ou gelées. On sait que les organismes inférieurs, et même des animaux d'une organisation déjà assez complexe (microbes, spores, graines, rotifères) peuvent être desséchés et conservés longtemps à l'abri de l'humidité ; il suffit de permettre à leur substance de s'imbiber de nouveau de la quantité habituelle d'eau, pour qu'ils ressuscitent et reprennent la vie interrompue. On peut obtenir un résultat semblable par la congélation ; on disait depuis longtemps que même des poissons pris dans des blocs de glace et eux-mêmes congelés, pouvaient revenir à la vie, pourvu que le dégel se fasse lentement ; Raoul Pictet a, dans ces dernières années, donné de ce fait la démonstration expérimentale.

Le corps élimine constamment de l'eau par excrétion ou par évaporation ; cette eau doit être constamment remplacée, et il est par conséquent indispensable que le milieu ambiant contienne de l'eau, et qu'il la contienne à l'état liquide, car sous forme de glace elle ne saurait être utilisée par aucun être vivant, et sous forme de vapeur, elle ne peut l'être que par les plantes. Ceci est son utilité directe ; mais elle en a une autre, indirecte : elle est, en effet, le dissolvant et le véhicule de tous les autres composés chimiques minéraux ou organiques dont les êtres vivants ont besoin pour s'alimenter.

L'échange incessant de molécules intérieures contre des molécules extérieures est la condition absolue du maintien de l'intégrité chimique de l'organisme, siège de la vie ; certaines substances minérales et organiques, mélangées de mille manières, constituent les aliments des êtres vivants : pour être utilisées, il faut que ces substances soient constituées de façon à pouvoir fournir aux êtres vivants, les corps simples ou composés aptes à remplacer ceux qui ont été éliminés.

Il y a des plantes qui trouvent dans l'air tout ce qu'il leur faut, — de la vapeur d'eau, de l'acide carbonique et un peu d'ammoniaque, qui leur fournit l'azote ; mais la plupart ne trouvent une nourriture suffisante que dans l'eau qui imprègne le sol. Elles peuvent, avons-nous dit, vivre d'aliments minéraux, mais ceux-ci sont des composés stables et il faut, pour en disjoindre les éléments, qu'une force plus puissante que l'affinité chimique qui les rive l'un à l'autre, intervienne ; c'est là précisément ce que fait la lumière et la chaleur des rayons solaires ; mais elle ne peut accomplir cette dissociation, et le groupement nouveau des éléments en substances organiques, que dans les parties vertes des plantes, dans les cellules à chlorophylle ; l'énergie employée à cette opération reste pour ainsi dire emprisonnée dans les substances organiques en train de se produire sous son influence : elle se transforme en énergie potentielle. C'est ainsi que les plantes sont les grandes usines de production des substances organiques qui se déposent en elles, et elles accumulent en même temps, ou capitalisent, de la force latente, — le tout, comme nous verrons, au profit du règne animal.

Nous avons vu que les animaux ne produisent point de substances organiques et ne peuvent se nourrir qu'à la condition de trouver ces substances toutes faites ; il y a des plantes qui sont dans le même cas. Ce sont celles qui n'ont point d'organes verts, point de protoplasma chlorophyllé ; ces plantes-là sont obligées de chercher, comme les animaux, les aliments organiques dont elles ont besoin, dans le milieu ambiant. Elles ne peuvent vivre que là où il y a des amas considérables de matières organiques ayant appartenu à d'autres êtres vivants : tels sont par exemple les champignons ; ou bien, elles les puisent directement dans d'autres organismes vivants, telles sont les plantes parasites privées de chlorophylle, certaines orchidées, — les orobanches, par exemple. Les animaux sont tous dans ce cas, sauf peut-être quelques cœlentérés, dont la cavité intérieure est tapissée d'une couche de cellules vertes, et qui peuvent vivre pendant fort longtemps dans un milieu exempt de substances organiques et ne pouvant leur offrir que des aliments minéraux : il est

cependant probable que ces cellules ne font pas
réellement partie des animaux en question et que
ce sont des cellules végétales, vivant en parasites
à leurs dépens, — parasites utiles cette fois, puisqu'ils fourniraient à leur hôte les substances organiques dont il a besoin ; bref, ce serait un cas
d'association ou de *symbiose*.

Quoi qu'il en soit, le processus de la nutrition
des animaux est précisément l'inverse de ce qu'il
est chez les plantes : les animaux décomposent les
substances organiques formées par les plantes ;
c'est l'analyse qui se passe en eux, tandis que celles-là sont le siège de la synthèse ; en consommant
les substances organiques formées par les plantes
et en les décomposant, les animaux mettent en
même temps en liberté l'énergie potentielle que ces
composés renferment ; ils la transforment en force
vive et la restituent au milieu ambiant sous forme
de chaleur et de mouvement. Telle est la source
de l'énergie dépensée par les animaux, sous
forme de chaleur ou de mouvement, c'est-à-dire
de travail mécanique.

Examinons maintenant brièvement les conditions
physiques de la vie.

La première de ces conditions est la présence
d'une certaine température qui, sans être constante, n'oscille qu'entre des limites très étroites.

au-dessus et au-dessous desquelles la vie est impossible ; à partir de 0°, toute vie cesse provisoirement ou définitivement ; les seuls organismes qui puissent résister à des températures inférieures à 0°, et qui fassent apparemment exception, sont ceux qui produisent dans leur intérieur une quantité suffisante de chaleur pour que leur corps se maintienne à sa température normale. Pendant l'hiver on ne voit en effet circuler que des « animaux à sang chaud, » — oiseaux et mammifères ; tout le reste du règne animal et tout le règne végétal sont ou morts ou engourdis : la vie est alors réduite chez eux à un minimum tel, que toutes ses manifestations sont presque totalement supprimées.

Mais les animaux à sang chaud ne peuvent résister que pendant un certain laps de temps, proportionnel à l'intensité du froid, c'est-à-dire à la rapidité avec laquelle le milieu ambiant leur soustrait la chaleur qu'ils produisent ; le mécanisme de résistance aux basses températures se fatigue ; le combustible vient à manquer, ou bien ne peut être employé assez rapidement pour fournir un nombre de calories qui puisse contrebalancer les pertes ; le corps de l'animal commence alors à se refroidir et lorsque sa température intérieure descend à 20° C. environ, les phénomènes chimiques qui sont à la base de la nutrition sont enrayés et l'animal périt. Un médecin anglais a fait l'expérience suivante : il a mis un homme dans un bain à 4° C. ; la soustraction de chaleur par l'eau, relativement bon conducteur, a été tellement brusque que le mécanisme de résistance n'a pas eu le temps de se mettre en train ; il s'en est suivi une chute subite de 9° de la température normale de l'homme en expérience (37° C.), et le docteur Currie allait sortir son homme du bain, craignant de le voir succomber ; mais à ce moment, l'abaissement de la température s'est rallenti, s'est arrêté et a été remplacé par une augmentation ; le mécanisme de résistance s'était mis en action ; au bout de quinze minutes, la température atteignit 33° C., mais c'était tout ce que cet organisme pouvait fournir. Une nouvelle chute se produisit, rapide et alarmante ; l'homme fut retiré en toute hâte du bain, et l'on eut beaucoup de peine à le ramener à l'état normal.

Le mécanisme en question consiste à produire, à la suite de la sensation de froid, une forte constriction des vaisseaux superficiels, cutanés ; la nappe de sang étalée sous la peau est alors très considérablement diminuée et le corps perd, de ce chef, beaucoup moins de chaleur par contact ou par irradiation ; en même temps, la sécrétion de la sueur cesse presque complètement, et le corps épargne toute la chaleur qui servait à vaporiser la sueur à sa surface ; enfin, la masse sanguine, accumulée, sous une pression plus forte, dans les organes profonds, y favorise une augmentation des réactions chimiques accompagnées de dégagement de chaleur.

Mais cette résistance ne peut maintenir la température normale du corps que si le froid n'est pas trop prolongé ou trop intense ; autrement, elle devient insuffisante, ainsi que nous venons de le voir, et, dès que la température du corps commence à baisser, il se produit une espèce de cercle vicieux : pour résister à l'abaissement de la température extérieure, s'il est considérable, il ne suffit pas de diminuer les pertes, par contact ou par irradiation, en diminuant la circulation cutanée, il faut *produire* plus de chaleur, activer les réactions chimiques dont l'accomplissement en dégage ; or, l'abaissement de la température ralentit ces réactions et diminue par conséquent la quantité de chaleur mise en liberté en un temps donné.

Une température plus élevée est favorable à tous les phénomènes vitaux ; mais la limite *optima* est bientôt atteinte ; au-delà de cette limite, une nouvelle augmentation de la température devient nuisible à ces phénomènes et finit par les supprimer brusquement. L'écart en plus est beaucoup plus restreint que l'écart en moins ; nous avons dit que l'organisme des animaux à sang chaud, dont la température moyenne est entre 38° et 39° C., peut survivre à un abaissement d'environ 20° ; mais une élévation de 5° lui est habituellement fatale, et ce n'est que dans quelques cas exceptionnels de maladies fébriles (scarlatine, par exemple), que le maximum de 45° C. a été momentanément atteint sans que les malades succombent. Dans ces maladies, les patients meurent souvent de leur température trop élevée ; on connaît, en effet, le cas où des individus parfaitement sains succombent à une augmentation semblable de leur température ; c'est le cas du « coup de chaleur » ou de l'*insolation*. Et si nous pouvons pendant quelque temps résister à une température extérieure suffisamment élevée pour entraîner la rétention d'une partie ou de la totalité de la chaleur qui se dégage en nous, c'est uniquement grâce à un mécanisme inverse à celui dont nous venons de parler et qui peut en même temps augmenter la déperdition de chaleur, par l'évaporation d'une sueur abondante, et diminuer les réactions exothermiques au sein des tissus ; mais, lui aussi, il ne peut pas résister indéfiniment et dès que la consommation de chaleur accompagnant la vaporisation de la sueur, c'est-à-dire dès que la quantité de sueur produite, devient insuffisante, la température monte et l'individu est en danger. C'est pour cela qu'en été, surtout dans les climats chauds, il faut empêcher la sécrétion cutanée de tarir, en buvant beaucoup d'eau : c'est pour cela aussi qu'une température relativement élevée est mieux supportée dans l'air sec (Afrique, Amérique méridionale) que dans l'air humide (Japon) : plus il y a de vapeur d'eau dans l'air, plus aussi la sueur s'évapore difficilement ; c'est ainsi qu'il est impossible de supporter dans l'eau les températures qu'on supporte dans l'air ; des hommes ont pu séjourner sans le moindre malaise pendant cinq à dix minutes dans des fours chauffés à 90°, 100° et 110° C. ; on ne peut au contraire supporter un bain de 40° pendant plus de une ou deux minutes. Ici, nouveau cercle vicieux : dès que la température intérieure monte, elle augmente les réactions exothermiques, et aggrave ainsi la situation.

Les vertébrés à sang froid succombent encore plus rapidement à des élévations moins excessives de la température ambiante ; seuls, quelques invertébrés aériens se complaisent au contraire aux températures les plus élevées observées à la surface de la terre ; beaucoup de plantes s'en accommodent fort bien ; encore faut-il qu'elles aient à leur disposition assez d'eau pour remplacer celle qui les quitte par évaporation.

En conclusion, nous pouvons dire que, sauf peut-être pour quelques rares exceptions, représentées par des organismes infimes plus résistants ou spécialement accommodés, la vie n'est possible à la surface de la terre qu'à la condition que la température moyenne y soit à peu près ce qu'elle est actuellement, et que les hausses et les baisses de cette moyenne ne dépassent pas, par leur étendue ou par leur durée, les limites extrêmes qu'elles atteignent actuellement dans les diverses saisons et les diverses régions de notre planète.

La *lumière*, elle aussi, est indispensable au maintien de la vie : toutes les plantes vertes périraient sans lumière, et sans plantes, nous le savons, il n'y aurait point d'animaux.

Une autre condition physique très importante, c'est la *pression barométrique*. Pour le bien-être des organismes vivants, tels du moins que nous les connaissons aujourd'hui, il ne suffit pas qu'il y ait de l'air, il faut encore qu'il y en ait une certaine quantité dans un certain espace, c'est-à-dire qu'il possède une certaine *tension*, — et précisément celle qu'il possède actuellement. Les variations incessantes de la pression barométrique sont insignifiantes et n'ont par elles-mêmes aucune influence sur les êtres vivants ; mais si cette pression s'établissait à un niveau de beaucoup supérieur ou de beaucoup inférieur à son niveau moyen actuel, cela pourrait avoir, pour ces êtres, des conséquences fatales. Une forte augmentation de la pression atmosphérique équivaut à une augmentation proportionnelle de la tension partielle des trois gaz de l'air ; elle entraînerait forcément la pénétration d'une quantité beaucoup plus grande d'azote et d'oxygène dans l'organisme. L'azote est un gaz indifférent et sa présence en excès ne serait point nuisible ; quant à l'oxygène, c'est autre chose : il est toxique, et si sa quantité dans les humeurs de l'organisme animal augmentait seulement du double, il l'empoisonnerait.

Quant à l'acide carbonique, une augmentation de sa tension serait favorable à l'organisme végétal, mais d'une nocuité proportionnelle aux animaux. Il est en effet leur produit de décomposition le plus constant, et doit immédiatement être éliminé par diffusion, sous peine d'asphyxie, ainsi que nous l'avons dit plus haut ; cela, à plus forte raison s'il s'agit d'un animal à sang chaud, — puisqu'il l'est précisément parce que les combustions physiologiques sont plus actives en lui et qu'il produit plus de chaleur ; mais, le dégagement de chaleur est nécessairement accompagné de la production d'une quantité correspondante d'acide carbonique ; c'est pourquoi les animaux à sang chaud s'asphyxient beaucoup plus facilement que les autres.

Or, nous pouvons obtenir l'augmentation de la tension partielle d'un gaz non seulement en augmentant la pression du mélange gazeux, mais aussi en augmentant la proportion de ce gaz dans le mélange ; si le % d'oxygène doublait dans l'air atmosphérique, la tension partielle de l'oxygène doublerait tout comme si la pression totale était devenue double. Les conséquences en seraient exactement les mêmes.

Une diminution considérable de cette pression entraînerait des conséquences funestes pour presque tous, probablement pour tous les êtres vivants : la tension de l'oxygène serait insuffisante pour qu'il pénètre, dans la proportion voulue, à l'intérieur de l'organisme. Les animaux seraient les premiers à succomber à ce déficit. Il en serait de même, naturellement. si le % d'oxygène diminuait trop fortement dans l'atmosphère.

Quant à l'azote, nous avons dit qu'à l'état libre il est inutile — ou n'a qu'une utilité indirecte, consistant à diluer l'oxygène. Son absence, même complète, ne serait donc point fatale aux êtres vivants, pourvu, bien entendu, qu'un autre gaz indifférent prenne sa place dans le mélange gazeux. On peut en effet parfaitement respirer un air artificiel composé d'un quart d'oxygène et de trois quarts d'hydrogène.

Enfin, une grande diminution de la proportion d'acide carbonique dans l'air, sans avoir aucun inconvénient immédiat pour les animaux, ni pour la respiration du protoplasma végétal, priverait pourtant ce dernier de sa principale source de carbone et serait ainsi très défavorable à sa nutrition, à la production de substances organiques par les plantes, c'est-à-dire d'aliments pour les animaux : les animaux seraient condamnés à mourir de faim.

Il résulte des considérations qui précèdent que la vie des plantes et des animaux n'est possible à la surface de la terre qu'à la condition que l'atmosphère de notre planète ait à peu près la composition et la pression qu'elle a actuellement.

En conclusion, l'équilibre cosmique actuel constitue, dans son ensemble, la condition *sine qua non* de ce que nous connaissons sous le nom de vie et nous ne connaissons aucun autre état cosmique avec lequel l'existence des substances qui composent les organismes, et par conséquent celle des organismes eux-mêmes, soient compatibles.

2. ORIGINE DES ÊTRES VIVANTS

Cette conclusion nous amène à un corollaire et à un nouveau problème :

La vie étant liée à certaines conditions physiques et chimiques, en dehors desquelles elle est impossible, et ces conditions n'ayant pas toujours existé à la surface du globe terrestre, la vie n'a pu s'y manifester et des êtres vivants n'ont pu y apparaître que lorsque ces conditions s'y sont réalisées.

La question concernant l'*origine des êtres vivants* a de tous temps été entourée de préjugés de toute sorte, préjugés populaires, scientifiques ou philosophiques, voire même religieux. Les anciens croyaient sans restriction à la *génération spontanée* des êtres vivants, c'est-à-dire à leur formation de toutes pièces, sans qu'ils provinssent d'autres êtres à eux semblables ; on admettait la formation des anguilles de la vase humide qu'elles habitent, celle des lions du sable des déserts brûlés par le soleil, celle des *asticots* de la chair des cadavres en décomposition. Voilà le préjugé populaire. Au XVIIe siècle, Redi, médecin florentin, fit à ce sujet la première expérience scientifique ; elle nous paraît bien enfantine aujourd'hui, mais elle a le mérite d'avoir été la première et d'avoir fait entrer la question dans une nouvelle phase. Redi prit deux morceaux de viande, dont il laissa l'un librement exposé à l'accès des mouches, tandis qu'il recouvrit l'autre d'une espèce de tamis afin de le protéger contre ces insectes ; les deux morceaux de viande se putréfièrent, mais il n'y eut d'asticots que dans celui où les mouches avaient pu déposer leurs œufs. Redi en conclut que si la génération spontanée était possible, cela ne pouvait être que pour des organismes beaucoup plus petits et beaucoup plus simples que celui des insectes.

La question se trouva ainsi limitée aux organismes inférieurs. Par rapport à ceux-ci, il s'établit au XVIIIe siècle deux opinions opposées, dont les champions furent l'italien Spallanzani et l'anglais Needham ; ce dernier soutenait que les organismes élémentaires, invisibles à l'œil nu, pouvaient se former spontanément et n'avaient nul besoin de provenir d'ancêtres à eux semblables ; Spallanzani, au contraire, soutenait que même ces êtres-là provenaient de germes ou de spores, répandus partout, dans l'air et dans l'eau, pouvant exister indéfiniment à l'état inerte et latent, aptes à se développer et à se multiplier, dès que par hasard ils tombaient dans un milieu favorable. Les savants de l'époque se rallièrent à l'une ou à l'autre de ces deux opinions ; les uns soutenaient que la génération spontanée était une *nécessité logique*, en tant que seul moyen d'expliquer l'apparition, à un moment donné, d'êtres vivants à la surface de la terre, et qu'il était tout naturel d'admettre que les molécules de certaines substances puissent, dans certaines conditions, se grouper en petits agrégats qui deviendraient le siège du troc nutritif, caractéristique de la vie ; les autres ne voulaient pas en en-

tendre parler; le « principe vital », d'après eux,
était quelque chose d'essentiellement différent des
forces physico-chimiques, et ne pouvait provenir
d'elles; tout être doué de ce principe devait nécessairement l'avoir reçu d'un autre être le possédant déjà, de parents à lui semblables.

Nous sommes en plein préjugé scientifique et
philosophique qui, jusqu'à nos jours, n'est pas encore entièrement dissipé, grâce à l'appui que lui
fournit, pour ou contre la génération spontanée,
le préjugé religieux.

En effet, les personnes qui croient à la création
directe de chaque espèce végétale ou animale,
conformément à la tradition biblique, considèrent
l'idée de la génération spontanée des premiers
organismes élémentaires et celle de l'évolution graduelle des organismes supérieurs, comme irrévé-
rencieuse vis-à-vis de la puissance créatrice, et
rejettent aveuglément tous les arguments tendant
à corroborer cette idée; mais d'autres pensent au
contraire que celle-ci s'accorde fort bien avec une
conception plus élevée de la puissance créatrice,
conception qui, au lieu de lui attribuer des essais
successifs, mal réussis d'abord, améliorés ensuite
à travers les époques géologiques, elle lui attribue le pouvoir d'avoir, dès le début, d'un seul
acte de son intelligence et d'une seule impulsion
de sa volonté, imprimé aux atomes de l'univers le

mouvement qui les entraîne, par une évolution ininterrompue, de l'inorganique à l'organique, du simple au complexe, vers une perfection que nous sommes incapables de prévoir, car nous n'en sommes nous-mêmes que les premiers échelons.

On ne reconnaît plus aujourd'hui qu'un seul critérium dans des problèmes de ce genre : *le fait*.

L'honneur d'avoir créé des méthodes expérimentales suffisamment rigoureuses appartient à notre siècle.

Au commencement, on dissertait encore à perte de vue sur des expériences comme celle-ci : si on expose à l'air trois capsules contenant un liquide apte à nourrir les organismes qu'on rencontre dans ces observations, mais de composition non absolument identique (par exemple neutre dans l'une, légèrement acidulé dans la deuxième et légèrement alcalinisé dans la dernière), on voit apparaître dans les trois capsules une multitude d'êtres vivants, mais les espèces que chacune d'elles contient *ne sont pas toutes les mêmes*. Preuve, pour les partisans de la génération spontanée, que ces êtres se sont développés *de novo* dans ces différents liquides, mais que ceux-ci, précisément à cause de leur différence, *s'organisent* différemment ; preuve, pour ses adversaires, que des germes ont pénétré du dehors dans les trois capsules, mais n'y ont pas rencontré un milieu également favorable à leur développement : impossible de s'entendre.

Une phase ultérieure de la question a pour point de départ les expériences de Schwann et Schultze. Ils se sont proposé de s'assurer, en guise de précaution indispensable à toute expérience sérieuse y relative, d'abord qu'il n'y ait point d'organismes vivants ou de germes dans les liquides employés ; ensuite qu'aucun germe ou organisme ne puisse pénétrer du dehors dans ces liquides. Ils ont soumis ces derniers, renfermés dans des ballons de verre à long cou, à l'*ébullition* et, en outre, ils ont *purifié l'air* destiné à rentrer dans le ballon au fur et à mesure que la vapeur, qui l'en avait chassé, se condenserait après l'ébullition ; pour cela ils ont ou bien bouché le cou du ballon avec un bon tampon d'ouate, ou bien relié ce cou hermétiquement avec un tube métallique chauffé au rouge, par lequel l'air devait passer, ou bien enfin forcé l'air de passer à travers une couche d'acide sulfurique concentré ; par le premier moyen, l'air était simplement filtré, toute particule, tout germe étant arrêtés par l'ouate ; par les deux autres moyens, tout corps organisé, et même toute substance organique qu'il pouvait contenir, devait infailliblement être détruite. En procédant ainsi, ils ont vu que, dans la très grande majorité des cas, le liquide renfermé dans le ballon reste parfaitement *stérile*, c'est-à-dire qu'il ne s'y produit point d'organismes vivants. Ils concluent par conséquent contre la génération spontanée.

Mais ces expériences ont été reprises et répétées par d'autres observateurs qui n'ont pas toujours obtenu le résultat annoncé par Schwann et Schultze. En opérant exactement comme eux et même en excluant totalement le retour de l'air dans les ballons, au moyen de la clôture hermétique de leur cou, par la fusion du verre pendant l'ébullition, ils ont souvent constaté l'apparition d'une multitude d'êtres vivants dans leurs liquides, trop souvent pour considérer ces faits comme résultant d'une erreur ou d'une imperfection dans les manipulations expérimentales. Une chose restait cependant douteuse : est-ce que vraiment tout germe vivant périt irrévocablement à la température de l'ébullition de l'eau ? Une commission nommée par la Société de Biologie de Paris fit une enquête sur cette question et conclut de ses observations que oui.

La balance semblait décidément pencher en faveur de la génération spontanée. Mais la question fut reprise par Pasteur, qui constata que les liquides portés à 100° et protégés ensuite contre l'intrusion de germes ne restent indéfiniment stériles qu'à la condition d'être *acides*, tandis que s'ils sont neutres ou très légèrement alcalins, ils se peuplent quand même ; pour stériliser complètement un liquide non acide, il faut le porter à 100° et le maintenir à cette température pendant 10 minutes. Il conclut que les germes dont il s'agit ne périssent à 100° que si le liquide qui les contient est acide, et que s'il ne l'est pas, les germes de quelques espèces survivent à l'ébullition, se développent et se multiplient ensuite, et produisent ainsi l'apparence trompeuse d'une formation d'êtres vivants sans parents ; il pense que lorsque tous les germes ont été dûment tués, et toutes les précautions destinées à empêcher la pénétration de nouveaux germes dans les flacons et les liquides expérimentaux dûment prises, ces derniers restent absolument stériles ; s'ils ne le restent pas, c'est que quelque germe a survécu ou s'est introduit du dehors. Cette fois cela paraissait bien être un coup mortel porté à la génération spontanée, et les conclusions de Pasteur furent en effet comprises ainsi et adoptées comme dernier mot de la science à ce sujet par la très grande majorité des savants, presque sans conteste ; ce fut un retour complet au *panspermisme* de Spallanzani.

Mais un champion de première force ne tarda pas à reprendre en mains la cause désespérée de la génération spontanée. Nous abordons avec lui la dernière phase de la question.

Ch. Bastian, le savant névrologue anglais, qui s'était beaucoup occupé de ces questions, malheureusement à une époque où les méthodes aseptiques étaient encore loin d'avoir atteint leur perfection actuelle, prit à partie la conclusion de Pasteur. Contrairement à celui-ci, il croit que tous les germes périssent à $100°$, que le liquide employé soit acide ou non ; si ensuite les liquides non acides se peuplent, ce n'est pas que des germes ont survécu, mais c'est que ces liquides ont perdu l'aptitude à s'organiser, — perte qui serait la conséquence d'une modification moléculaire intime de ces liquides, produite par le fait même de leur « état acide ». L'acidité est, en effet, défavorable à l'aptitude d'un liquide quelconque à servir de milieu au développement, spontané ou non, d'organismes vivants ; si on divise en deux portions le même liquide neutre, et qu'on acidule l'une d'elles, ces deux mélanges, de composition identique, sauf l'acidité, exposés simplement à l'air, ne se peuplent pas de la même manière ; la portion acide se peuple plus tardivement, plus lentement et moins abondamment que la portion neutre ; en chauffant ces liquides, on exagère encore la différence au détriment de la portion acide, grâce à l'influence simultanée de l'acidité et de la chaleur. Ainsi, d'après Bastian, un liquide acide, renfermé hermétiquement dans un ballon, après y avoir été bouilli,

se trouve dans un état qui ne lui permet pas de
s'organiser ; et voilà pourquoi il reste nécessairement stérile.

Ce n'est cependant là qu'une argumentation,
aussi logique qu'on voudra, mais ce n'est pas une
preuve ; or, aujourd'hui il n'y a pas à tergiverser :
on ne se contente pas du raisonnement, on veut
des faits. Une preuve expérimentale de l'explication de Bastian semble facile à fournir : après avoir
constaté la stérilité d'un tel liquide, il n'y a qu'à
supprimer l'obstacle, (l'acidité), en neutralisant le
liquide, et à voir si alors il se peuple. Sans doute :
mais comment faire pour le neutraliser ? On ne
peut rien introduire à travers la couche de verre,
ininterrompue, qui le renferme, et en y faisant une
brèche, si petite soit-elle, on ouvre la porte co-
chère aux germes qui flottent dans l'air, ils sont
aspirés avec lui dans l'intérieur du ballon, se mêlent, ensemble avec l'alcali neutralisant, à son contenu, s'y développent, s'y multiplient et rendent
toute conclusion impossible. Il faut à tout prix arriver à pouvoir neutraliser le contenu du ballon,
sans enfreindre tant soit peu l'intégrité des parois
de ce ballon. Bastian y est arrivé d'une façon très
ingénieuse ; voici comment il procède. Il prépare
un certain nombre de très petits ballons de verre,
délicats et à cou effilé, destinés à contenir la solution alcaline ; ils sont tous marqués et soigneuse-

ment pesés : puis chacun d'eux est chauffé dans la flamme d'une lampe à esprit de vin, dans une position qui permette, grâce à un petit mouvement de bascule, de le sortir de la flamme et de plonger en même temps son cou effilé dans une solution de potasse caustique, maintenue bouillante et à portée ; au fur et à mesure que le ballon se refroidit, il aspire la potasse, et quand il en a absorbé une certaine quantité, une flamme est approchée et la pointe effilée du cou du ballon y est plongée ; elle fond et la potasse se trouve renfermée dans un espace hermétiquemment clos. Les petits ballons ainsi remplis sont de nouveau pesés, pour connaître exactement la dose de potasse que chacun d'eux contient, et introduits délicatement dans de grands ballons en nombre correspondant ; chacun des grands ballons reçoit alors juste la quantité de liquide acide qui peut être neutralisée par la potasse contenue dans le petit ; puis, ils sont soumis à l'ébullition ; pendant l'ébullition leur cou est scellé par la fusion du verre. On a affaire à un récipient dont le contenu doit être absolument stérile ; le liquide qu'il contient a été stérilisé par l'ébullition à l'état acide ; ce même liquide, bouillant, a lavé et stérilisé la surface intérieure du grand ballon et la surface extérieure du petit ; quant au contenu de celui-ci, il ne viendra à l'idée de personne de croire qu'un être vivant ou un germe quelconque puisse survivre à l'ébullition dans une solution de potasse caustique. Il n'y a donc plus rien de vivant dans le contenu du grand ballon et ce contenu doit, d'après les résultats de Pasteur, rester indéfiniment stérile ; mais il porte dans son sein de quoi le neutraliser à un moment donné, sans offrir aux germes du dehors la moindre possibilité de s'y introduire : quelques fortes secousses imprimées au grand ballon brisent le petit ; la potasse se mêle au liquide acide et le neutralise. Qu'arriva-t-il alors ?

Eh bien ! Bastian dit que toutes les fois qu'il a opéré ainsi, le contenu de ses ballons s'est rapidement peuplé d'une multitude d'êtres vivants.

Si cette expérience était irréprochable ; si, entre les mains d'autres expérimentateurs compétents, elle donnait toujours le même résultat, elle constituerait à elle seule une preuve suffisante de la génération spontanée.

On ne l'a pas répétée ; le courant contraire à la génération spontanée domine si bien dans la science aujourd'hui qu'une expérience qui tend à en démontrer la possibilité est *a priori* considérée comme étant nécessairement erronée.

En revanche, on a fait à Bastian les objections suivantes : on a dit qu'il n'avait pas suffisamment flambé ses ballons ; que quelques germes, cachés au fond de petites anfractuosités invisibles du verre, protégés contre le contact avec le liquide acide bouillant, pouvaient avoir survécu et s'être développés après la neutralisation de ce liquide ; Bastian répond qu'il a flambé ses récipients exactement comme on le fait toujours pour ces expériences. On a dit encore qu'il n'avait pas suffisamment chauffé son liquide acide, qu'il ne l'avait pas maintenu assez longtemps à une haute température, qu'il n'avait pas conservé ses ballons pendant un temps suffisamment long pour s'assurer de leur parfaite stérilité avant de rompre le petit récipient de potasse. A ces objections, Bastian répond qu'il a non seulement rempli toutes les conditions que Pasteur considère comme suffisantes pour stériliser un liquide acide, mais qu'il les a dépassées ; il a soumis ses liquides à une température légèrement plus élevée, et les y a maintenus un peu plus longtemps que le strict nécessaire ; pourquoi donc lui demander davantage ? Une température plus élevée eût d'ailleurs nui à la composition du liquide et rendu l'expérience nulle, de même qu'une ébullition plus prolongée ou une conservation plus longue avant la neutralisation.

Voilà où en est actuellement la question de la génération spontanée : nous ne possédons aucune preuve expérimentale irréfutable de son existence ; bien au contraire, depuis un siècle, elle a reculé sur toute la ligne devant les innombrables légions du panspermisme ; retranchée aujourd'hui dans les cornues de Bastian, elle n'est plus guère qu'une possibilité abstraite, une nécessité logique, si on veut, mais certes pas un *fait* acquis à la science.

Ainsi nous ignorons encore les origines de la vie ; sans doute, et il vaut cent fois mieux l'avouer que de se payer de connaissances illusoires. Il se peut, après tout, que la question ait été mal posée, que les organismes les plus simples que nous connaissions soient déjà en réalité très complexes, voire même que le protoplasma soit déjà un édifice de groupes moléculaires compliqués, et les corps protéiques eux-mêmes des constellations de constellations atomiques, qui ne peuvent se produire que dans certaines conditions particulières, à nous inconnues ; il faudrait commencer par constater l'origine de ces substances ; à cet égard, l'idée la plus lumineuse est assurément celle de Pflüger :

La substance vivante se décompose sans cesse, non par oxydation, mais par dédoublement ; elle continue, pendant quelque temps, du moins, à dégager de l'acide carbonique sans recevoir d'oxygène — dans le vide ou dans une atmosphère d'azote ou d'hydrogène pur ; les produits finaux de cette décomposition sont des composés stables à affinité chimique saturée : l'eau, l'acide carbonique et l'ammoniaque. Ce n'est pas en eux qu'il faut chercher le commencement, mais dans une substance à affinités chimiques multiples et non satisfaites — dans le *cyanogène* ou radical cyanique, combinaison de carbone et d'azote ; cette substance offre une analogie frappante de ses propriétés physico-chimiques avec celles de la matière vivante, notamment des corps protéiques. En effet, grâce à la polymérisation, elle forme des groupes de molécules s'attirant et se fixant les unes les autres ; avec de l'eau, elle se décompose en acide carbonique et en ammoniaque ; le cyanate d'ammoniaque donne de l'urée, non par oxydation, mais par transposition atomique intramoléculaire ; l'acide cyanique est hyalin et liquide à une basse température ; à une température plus élevée, il se coagule et devient opaque comme l'albumine ; enfin, le groupe cyanique renferme, comme les substances organiques, une dose énorme d'énergie latente. Pflüger appelle ses molécules des molécules *semi-vivantes*. Or, c'est dans la chaleur blanche que le carbone et l'azote se combinent. Telle a été probablement l'origine première des substances protéiques qui ne se trouvent plus et ne se produisent plus, dans les conditions actuelles de notre planète, que dans les organismes vivants, et que la chimie n'a pas encore réussi à produire artificiellement, par synthèse.

Cinq mille ans avant Jésus-Christ les prêtres
hindous adoraient le soleil, dont ils considéraient
les rayons comme étant la source de la vie... La
science moderne paraît nous ramener à cette conception intuitive.

III

UNE DIGRESSION : LES MICROBES

Les méthodes dont nous avons parlé à propos de la génération spontanée sont précisément celles qu'on applique aujourd'hui à l'étude d'un grand nombre de questions fort importantes pour l'industrie, l'hygiène et la médecine : les questions qui se rapportent à la nature de la fermentation, de la putréfaction, de la contagion, de l'immunisation et de la désinfection. Il n'est plus personne aujourd'hui qui n'ait souvent entendu parler des microbes, de ces êtres mystérieux, excessivement petits, mais excessivement nombreux, répandus partout, dans l'air que nous respirons, dans l'eau que nous buvons ; tout le monde sait aussi le rôle immense qu'on attribue à certaines espèces de microbes dans les phénomènes très compliqués auxquels nous venons de faire allusion et qui se produisent tantôt dans l'organisme vivant, et constituent alors les maladies infectieuses, tantôt dans les tissus ou les liquides de l'organisme mort, et constituent alors la putréfaction ; tantôt enfin dans des liquides divers en dehors de l'organisme, et constituent alors la fermentation.

Le fait est que dans tous ces cas, les microbes sont là, et, dans chaque cas particulier, c'est une espèce particulière de microbes qui est présente : tel microbe est toujours présent pendant la fermentation alcoolique, tel autre accompagne constamment la fermentation acétique ; des microbes spéciaux fourmillent dans les corps en putréfaction ; enfin, dans chaque maladie infectieuse, on retrouve constamment, dans les humeurs du malade, une espèce déterminée de microbes. Les savants sont tous d'accord sur ces faits et personne n'en doute ; mais, dès que nous passons des faits eux-mêmes à leur interprétation, l'accord disparaît.

Prenons, par exemple, un liquide susceptible d'entrer en fermentation, et plaçons-le dans un flacon parfaitement propre et très bien bouché. Peu à peu, le liquide se met à fermenter et en même temps il s'y développe en nombre immense une espèce particulière de microbes ; le lien entre la fermentation et la présence de ces microbes est évident ; mais d'où viennent-ils et que font-ils là ?

Quant à la première question, elle est résolue par les expériences se rapportant à la génération spontanée : les microbes en question ne peuvent pas être nés spontanément dans notre liquide ; il s'ensuit qu'un certain nombre d'entre eux s'y trouvaient dès le début — car notre flacon est trop bien bouché pour admettre qu'ils aient pu y pénétrer après coup. La seconde question est autrement difficile à résoudre ; les microbes qui se trouvaient dès le début dans notre liquide s'y sont, à un moment donné, énormément multipliés et, en même temps, la composition chimique du liquide s'est profondément modifiée ; fort bien ; mais que signifie cette coïncidence de leur multiplication avec le changement chimique subi par le liquide ? Nouveau problème, nouvelle alternative : ou bien notre liquide n'était pas, au début, un milieu favorable à la nutrition et à la multiplication de ces microbes, et n'a subi que plus tard, graduellement et *indépendamment des microbes présents*, des changements qui en ont fait un milieu favorable pour eux ; dans ce cas, leur multiplication est une *conséquence* des modifications subies par le liquide. Ou bien, au contraire, notre liquide tel quel était un excellent milieu pour ces microbes, et c'est pour cela qu'ils s'y sont tellement multipliés, et c'est par leur activité, leur nutrition, leur vie, qu'ils ont modifié la composition du liquide, comme nous modifions celle de l'air que nous respirons, ou celle des aliments que nous ingérons ; dans ce cas, les microbes sont *la cause* de la transformation du milieu qui les abrite.

Laquelle de ces deux interprétations est la vraie ? Aujourd'hui, c'est la dernière qui l'emporte et un très grand nombre de savants considèrent non pas la multiplication des microbes comme une conséquence des phénomènes qu'ils accompagnent, mais bien ces phénomènes comme une conséquence de l'activité des microbes : ceux-ci seraient *la cause* unique et suffisante des fermentations, des putréfactions et des maladies infectieuses ; jamais, sans les microbes, les liquides fermentescibles, les substances putrescibles, les organismes vivants ne fermenteraient, ne se corrompraient, ne tomberaient malades. Ne va-t-on pas trop loin dans cette direction, et, s'il y a des cas où il en est réellement ainsi, n'y en a-t-il point d'autres où la preuve n'est pas faite, où on néglige de la faire, parce qu'on accepte de confiance l'opinion courante ?

Prenons par exemple les fermentations alcoolique et acétique et la putréfaction ; je les choisis parce que c'est sur elles qu'ont porté mes propres expériences, et aussi parce qu'elles sont des phénomènes relativement simples, beaucoup plus simples que ceux qui constituent les maladies infectieuses ; enfin, parce qu'on croit être absolument sûr que leur cause unique réside dans les microbes qui accompagnent chacune d'entre elles. Cette manière de voir ne serait-elle pas sérieusement ébranlée si on plaçait les substances fermentiscibles ou putrescibles dans des conditions qui empêchent le processus chimique, sans tuer les microbes et sans nuire à leur multiplication ?

Lorsque j'étais à Florence, j'ai été appelé par une société commerciale à rechercher un moyen de conserver la viande crue à l'état frais, dans le but d'importer en Europe la viande qui se produit et se perd en quantités invraisemblables dans l'Amérique méridionale. On connaît depuis longtemps des substances chimiques qui possèdent des propriétés antiseptiques ou désinfectantes, qui semblent être des poisons pour les microbes et qui, en les tuant apparemment, empêchent les décompositions qu'ils occasionnent ou qu'on leur attribue : le sublimé corrosif, par exemple, est un puissant microbicide ; il tue tous les microbes, même à la dose de 1 $^0/_{00}$; il préserve la viande de la putréfaction, mais cette viande ne peut servir à l'alimentation, parce que le sublimé corrosif est un poison aussi violent pour l'homme que pour les microbes ; il fallait chercher une substance qui, tout en empêchant la viande de se corrompre, fût innocente pour l'homme, ne nuisît point à la digestion, et n'eût aucun goût ni odeur désagréables. La substance qui a le mieux répondu à ces exigences a été *l'acide borique* dissout dans l'eau à raison de 5 $^0/_0$, — ce qui représente une solution saturée pour une température ambiante peu élevée.

Comme la question de la manière d'agir de l'acide borique m'intéressait à un point de vue général, j'ai fait des expériences pour étudier l'influence qu'il exercerait sur les fermentations alcoolique et acétique ; je désire exposer d'abord ces dernières expériences, pour revenir ensuite à la conservation de la viande.

J'ai commencé par mettre un peu d'acide borique dans une cuve contenant du moût en fermentation ; celle-ci a non seulement continué régulièrement, mais elle a été accélérée et intensifiée, de telle sorte que cette cuve a fourni un vin qui avait plus d'analogie avec un vin vieux que celui des autres cuves. Il est clair que l'acide borique, — du moins dans la dose appliquée, — n'est nullement défavorable à l'activité de la levûre et semble, au contraire, la favoriser ; mais tandis que le vin non boriqué avait l'inconvénient de se transformer avec une extrême facilité en vinaigre, l'échantillon du moût boriqué résista longuement à cette transformation ; je le soumis alors, sans succès, à toutes les manipulations aptes à en favoriser la transformation ; il fallait déterminer le minimum d'acide borique nécessaire pour empêcher le passage de l'alcool à l'état d'acide acétique ; voici une première série de trois flacons destinée à résoudre cette question :

N° 1. 200 gr. de vin pur (non boriqué)

N° 2. 200 gr. de vin + 1 gr. d'acide borique ($^1/_{200}$).

N° 3. 200 gr. de vin + 0,1 gr. d'acide borique ($^1/_{2000}$).

Ces trois flacons sont conservés à la température ambiante et débouchés ; au bout de deux ou trois semaines le contenu du n° 1 est complètement transformé en vinaigre ; sa surface est couverte d'une pellicule épaisse et mate, et un dépôt se forme au fond. Le contenu des deux autres flacons n'avait subi aucun changement : ni dépôt, ni pellicule ; surface brillante, goût et odeur de vin pur. Ainsi, même à la dose de $^1/_{2000}$ l'acide borique suffit pour empêcher l'acétification du vin ; mais comment le fait-il ? Est-il un poison pour le microbe du vinaigre ? La réponse à cette question est fournie par l'expérience suivante :

N° 4. 200 gr. d'eau + 20 gr. d'alcool.

N° 5. 200 gr. d'eau + 10 gr. d'acide acétique.

N° 6. 200 gr. d'eau + 10 gr. ac. acét. + 10 ac. bor. ($^1/_{20}$).

A ces trois mélanges on ajoute une goutte du n° 1 de l'expérience précédente, — en d'autres termes, on l'*inocule* ou on l'*infecte* au moyen des microbes contenus dans cette goutte. Or, dans le n° 4, les microbes ne se multiplient pas, ils y disparaissent, au contraire peu à peu, le liquide reste ce qu'il était : de l'alcool dilué. Il paraît donc

que ces microbes ne peuvent pas vivre d'alcool.
Dans le n° 5, ils se sont rapidement multipliés et
ont formé un dépôt et une pellicule comme dans
le n° 1. Il paraît donc que les microbes en question vivent d'acide acétique. — Dans le n° 6, ils se
sont aussi multipliés, quoique, peut-être, un peu
plus lentement et un peu moins copieusement que
dans le numéro précédent. Il s'en suit que l'acide
borique n'est pas un poison pour ces microbes,
même à la dose de $1/20$, à plus forte raison ne l'est-il
pas à celle de $1/200$, voire de $1/2000$. — Un bacté-
riologiste italien, qui a répété et confirmé ces expériences, y a ajouté la suivante : si on mélange un
peu d'acide acétique à un vin boriqué dans lequel
les microbes périssent, ils s'y multiplient, au contraire, parfaitement, même si la quantité d'acide
borique est considérablement supérieure à la dose
suffisante pour empêcher le vin de devenir vinaigre.

Eh bien ! si l'acide borique préserve le vin de la
transformation acétique, sans être un poison pour
les microbes qui accompagnent cette fermentation,
il est clair que son action ne consiste pas à tuer
les microbes. En quoi peut-elle dès lors consister ?

Supposons que le vin *pur*, *sain*, soit un milieu
défavorable au développement des microbes en
question. Si ceux-ci se multiplient quand même à
à un moment donné, c'est que, pour une raison

quelconque, fût-elle inconnue et inaccessible à nos moyens d'investigation, le milieu s'est modifié, a cessé d'être défavorable, est même devenu favorable. Il faudrait donc admettre que la présence de l'acide borique, même en très petite quantité ($^1/_{2000}$), fixe pour ainsi dire le vin à son état initial, en s'opposant à ce qu'il subisse une modification, — indépendante des microbes celle-là, — qui serait une condition indispensable à la multiplication de ces derniers. Disons, pour nous servir de termes médicaux, que le vin sain jouirait d'une *immunité* contre l'infection acétique, mais qu'il succombe à cette infection lorsqu'il y est *prédisposé* par une modification de composition. L'acide borique serait, en conclusion, un moyen préventif qui empêcherait l'infection en empêchant la prédisposition. La multiplication des microbes serait donc la *conséquence* et non la *cause* d'une telle modification initiale du vin. Je ne vois aucun moyen, en face des expériences que je viens d'indiquer, d'arriver à une autre conclusion.

Passons maintenant aux observatios sur la viande, d'où ma thèse ressortira, je crois, plus clairement encore, et qui nous conduiront aux expériences sur des animaux vivants.

Après avoir constaté que des morceaux de viande

de plusieurs livres, trempés pendant quelque temps
dans une dissolution tiède d'acide borique au 5 °/₀
environ, et placés ensuite dans des récipients clos
en verre ou en fer blanc, se conservent pendant
trois ou quatre mois sans altération, j'ai voulu faire
l'expérience sur une échelle plus grande. Par une
journée d'hiver très froide et claire, le lendemain
d'une abondante chute de neige, on prépara dans
la cour d'une boucherie une grande cuve de solution borique chaude; un veau et deux moutons
furent abattus et divisés en quartiers; ceux-ci furent placés dans la cuve, et y séjournèrent plusieurs
heures, au bout desquelles la surface du liquide,
devenu rougeâtre, était prise en une couche de
glace. Ces quartiers furent placés dans trois caisses en fer-blanc, les espaces remplis de solution
borique chaude, et les caisses fermées hermétiquement au moyen d'un couvercle soudé. Ceci se passait à Londres. Une des caisses fut expédiée chez
moi à Florence et les deux autres à Buenos-Ayres,
à un ami chargé d'en ouvrir une, de constater l'é-
tat de la viande, de la goûter, et de réexpédier
l'autre caisse à Londres, de façon à lui faire subir
une double épreuve. La viande goûtée à Buenos-
Ayres fut trouvée excellente; au reçu de cette
nouvelle, on ouvrit la caisse de Florence, dont le
contenu était également parfaitement frais, bien
qu'il semblât à quelques personnes qui en man-

gèrent, qu'elle avait un peu perdu de sa saveur.
Lorsque la deuxième caisse retourna de Buenos-
Ayres, son contenu semblait, à première vue, s'être
maintenu à l'état de fraîcheur parfaite : le liquide
était limpide, avait une belle couleur rouge gro-
seille, communiquée évidemment par de l'hémoglobine dissoute, et une appétissante odeur de
bouillon ; la surface de section des muscles était
seulement légèrement décolorée. Mais lorsqu'on
entailla ces quartiers profondément jusqu'à l'os,
on s'aperçut qu'après une couche de viande d'apparence parfaitement normale, venant immédiatement après la surface décolorée, il y avait une
couche dont la couleur était plutôt jaune que rouge,
et puis une troisième couche, attenant à l'os, où
le jaune tirait peu à peu sur le vert. Il y avait donc
une certaine modification des couches profondes
de la viande ; mais les parties modifiées, bien
qu'elles eussent une légère odeur fade et désagréable, n'exhalaient nullement l'odeur pénétrante et
nauséabonde de la putréfaction.

La modification dont nous venons de parler était-
elle due à la présence de microbes? Cela n'est assurément pas probable, vu, 1°, les conditions dans
lesquelles les morceaux avaient été préparés et
renfermés dans les boîtes en fer-blanc ; 2°, le fait
que si, néanmoins, des microbes s'étaient trouvés
à la surface des morceaux, ils auraient commencé

leur œuvre destructive par les couches superficiel-les ; 3°, qu'il est inadmissible qu'ils aient traversé les couches superficielles sans les altérer ; enfin, 4°, que sûrement, dans la profondeur des tissus d'animaux jeunes et sains, il n'y avait point de microbes.

Il ressort de ces considérations que les parties profondes des quartiers, — sans doute insuffisam-ment imbues d'acide borique, ont subi peu à peu, grâce à l'instabilité des substances protéiques, une modification *indépendante des microbes*. Et de plus, comme les parties altérées exposées à l'air entrèrent en putréfaction beaucoup plus vite que les autres, la modification en question constituait évidemment une *prédisposition* de la viande à su-bir l'influence des microbes de la putréfaction. Ceux-ci ont eu de la peine à attaquer les couches non altérées, dont une partie s'est desséchée à l'air sans se putréfier.

On voit que l'analogie de cette observation avec celle qui se rapporte au vinaigre est complète, et la seule différence est peut-être que, dans cette der-nière, la multiplication des microbes semble n'être réellement que la conséquence de l'acétification incipiente du vin ; tandis que, pour la viande, il semble au contraire qu'ils soient les ouvriers et la cause de la transformation putride finale et que la modification « spontanée » de la viande, qui ne va

pas jusqu'à la putréfaction, n'est qu'une circonstance favorable à leur multiplication ; c'est-à-dire,
en un mot, une *prédisposition* à leur envahisse-
ment.

Nous allons voir à présent que l'analogie entre
ces deux observations se maintient lorsqu'on passe
de ce genre de fermentations aux phénomènes qui
se passent dans l'organisme vivant exposé à l'action
de microbes pathogènes. Jetons d'abord un rapide
coup d'œil sur le grand débat qui se déroule actuellement dans le monde médical relativement au
rôle des microbes dans les maladies infectieuses.

La très grande majorité des médecins considèrent les microbes comme la *cause* de ces maladies ; quelques-uns, cependant, n'admettent pas
cette manière de voir et pensent, au contraire, que
l'homme sain n'est pas un terrain favorable pour
le séjour et le développement des microbes ; que
ceux-ci ne l'envahissent que lorsqu'il est plus ou
moins malade ; sauf peut-être quelques cas bien déterminés, l'invasion des microbes serait en réalité
la *conséquence* d'un état maladif.

Mais, disent les premiers, dans les mêmes maladies nous trouvons toujours les mêmes microbes.
Sans doute, répondent les derniers, mais vous
raisonnez comme quelqu'un qui, voyant les ter-
rains marécageux toujours occupés par des plan-

tes palustres, s'imaginerait que ce sont ces plantes qui ont rendu marécageux le terrain qu'elles occupent, tandis qu'en réalité elles s'y sont établies et propagées justement parce que le terrain était marécageux ; elles sont la conséquence et non la cause de l'état du terrain. A cela, les défenseurs des microbes répondent que la comparaison ne vaut rien, attendu qu'ils peuvent rendre marécageux un terrain qui ne l'était pas en y semant des plantes palustres ; c'est-à-dire donner à des animaux, qui n'y sont nullement sujets par eux-mêmes, telle ou telle maladie, en leur inoculant tel ou tel microbe.

Leurs adversaires reviennent à la charge ; ils ne nient point la possibilité de donner à des animaux, par inoculation directe, quelques-unes des maladies qui affligent l'espèce humaine ; mais ils disent que la présence des microbes correspondants ne suffit pas *à elle seule* pour cela. Pourquoi est-ce, en effet, que dans ces expériences les carnivores ne deviennent pas phtisiques, par exemple, tandis que les herbivores le deviennent ; n'est-il pas évident que les premiers sont un terrain défavorable au microbe de la tuberculose, tandis que les derniers sont pour lui un terrain favorable ? Mais il y a plus : même dans le cas des herbivores, le résultat dépend des conditions hygiéniques dans lesquelles vivent les animaux inoculés ; les animaux de laboratoire mènent en général forcément une

vie artificielle et sont ainsi prédisposés à tomber
malades ; vous oubliez l'expérience des cent lapins
auxquels on a inoculé la tuberculose, et dont on a
conservé la moitié dans les cages du laboratoire,
tandis que l'autre moitié a été mise en liberté dans
un vaste enclos au milieu d'un bois ; les premiers
cinquante lapins sont tous devenus phtisiques, —
des derniers, pas un seul ! D'ailleurs, si vos microbes, répandus partout en nombre immense,
étaient, sauf quelques cas bien établis, la cause unique du mal, nous serions tous infectés, nous serions tous morts depuis longtemps ; or, même
lorsque les microbes entreprennent de ces vastes
invasions qui constituent les épidémies, ce n'est
jamais qu'un très faible pour cent, ou plutôt pour
mille, d'êtres humains qui succombent, tandis que
l'immense majorité reste indemne, bien que tous
soient également exposés aux microbes. Ainsi, les
microbes à eux seuls ne suffisent pas, dans la plupart des cas, et il faut qu'il y ait de la part des individus une *prédisposition* particulière, innée ou
acquise, pour les rendre accessibles à tel ou tel
microbe spécifique.

Les défenseurs des microbes comme *cause* des
maladies ne nient pas l'existence et l'importance
de telles prédispositions individuelles ; mais ils
pensent que les individus prédisposés resteraient
tels, moins robustes, moins florissants que les au-

tres, plus chétifs, malingres, anémiques, *cacochy-mes* en un mot, mais n'auraient pas telle ou telle maladie particulière à moins d'être envahis par telle ou telle espèce de microbes : ceux-ci sont donc quand même, sinon la cause de l'état maladif général qui fait de l'individu un terrain marécageux, — du moins la goutte qui fait déborder la coupe ; c'est-à-dire la cause qui détermine la nature spéciale de la maladie à laquelle l'individu succombe.

On voit s'opérer graduellement le rapprochement et la conciliation des deux opinions opposées. Il y a des cas où les microbes sont réellement la cause de la maladie ; il y en a d'autres où ils n'en sont que la conséquence ; entre deux, une foule de cas où ils viennent se greffer sur un état général défectueux, sans lequel ils seraient impuissants à produire les effets funestes qui constituent les maladies infectieuses. Nous arrivons ainsi au résultat le plus plausible et le plus utile de ce grand débat : *à l'importance souveraine des prédispositions individuelles.*

Mais le lecteur désirera certainement savoir plus précisément ce qu'il faut entendre par ces prédispositions. La réponse à une telle question ne peut malheureusement être, dans l'état actuel de nos connaissances, que très imparfaite ; il y a cependant quelques faits qui peuvent servir de premiers jalons indicateurs de la direction à suivre. Des expérimentateurs français ont fait connaître des faits extrêmement curieux relativement à l'immunité du lapin vis-à-vis du bacille du charbon symptomatique : lorsqu'on inocule cette maladie au moyen d'une seringue de Pravaz dans le tissu musculaire normal du lapin, le microbe ne se multiplie point, l'animal n'est pas infecté ; le muscle normal du lapin ne semble donc pas être un milieu favorable au développement de ce bacille ; mais que ce tissu vienne à être plus ou moins altéré par la présence de certaines substances chimiques que l'on injecte au préalable, ou en même temps avec le virus, — il est du même coup transformé en un milieu favorable à ce microbe ; celui-ci y pullule, le lapin est infecté et succombe. Dans une note publiée en 1889, je faisais ressortir l'analogie entre ces faits et mes expériences sur le vinaigre et notamment sur la viande : je terminais en faisant observer qu'au nombre des substances qui prédisposent le mieux les muscles du lapin à cette infection, se trouve l'acide lactique, proche parent de l'acide sarcolactique qui est un produit de décomposition direct et constant de l'activité musculaire, et qu'on devrait par conséquent s'attendre à ce que le même animal qui, *au repos*, jouit d'une immunité si remarquable pour le microbe en question, cesse d'en jouir lorsque ses muscles, grâce à un travail violent et prolongé, auront été chargés d'une grande quantité d'acide sarcolactique, — bref, quand l'animal sera *fatigué*. MM. Roger et Charrin ont trouvé que mon idée méritait d'être mise à l'épreuve de l'expérience. Il s'agissait de soumettre des animaux réfractaires au virus du charbon symptomatique (et peut-être à d'autres virus encore) à un exercice musculaire considérable et de voir ensuite si l'immunité de ces animaux se maintiendrait ou disparaîtrait. Ils ont entrepris ces expériences, et dans la séance de janvier 1890 de la Société de Biologie, ils ont communiqué leurs résultats. En voici un court résumé :

Pour obliger les animaux à travailler, ils les ont placés dans de grandes roues tournantes, semblables à celles dont sont munies les cages à écureuils, mais qu'on pouvait faire tourner par un mécanisme qui, en même temps, mesurait le travail mécanique accompli par l'animal, forcé de marcher ou de courir dans la roue. Les lapins se montrèrent impropres à ce genre de recherches, car, dès qu'on tourne la roue, ils se couchent et se laissent rouler ; les auteurs ont eu recours au rat blanc, qu'on peut forcer de marcher pendant plusieurs heures et répéter l'exercice pendant plusieurs jours de suite ; dans les expériences qui nous occupent, on les fait marcher trois jours de suite à raison de 7 à 15 km. par jour, en les laissant se reposer la nuit. Les expériences d'inoculation ont porté sur deux espèces de microbes : la bactéridie charbonneuse et le bacille du charbon symptomatique ; l'inoculation a toujours été faite au même point, sous la peau du flanc ; les individus les plus robustes ont été soumis au surmenage, les autres ont servi de « témoins », c'est-à-dire ont été soumis exactement aux mêmes conditions, sauf l'influence qu'il s'agit d'étudier. Résultat :

1º *Charbon bactéridien*. Inoculation à dix rats de douze gouttes de virus légèrement atténué ; trois individus laissés au repos ne succombent pas ; des sept surmenés *un seul* survit. Avec dix gouttes, résultat semblable. Avec quatorze gouttes, les témoins succombent en cinq jours ; les surmenés en vingt-quatre heures. L'inoculation de deux gouttes de charbon virulent non atténué donne un résultat tout à fait semblable.

2º *Charbon symptomatique*. Avec de fortes doses, on réussit à tuer les témoins, mais les individus fatigués succombent beaucoup plus vite. Avec des doses modérées, les résultats sont beaucoup plus nets : onze rats ont été inoculés de cette façon ; cinq laissés au repos, six soumis au surmenage ; *aucun* des témoins n'est mort, les autres ont *tous* succombé.

Il est évident que la fatigue constitue bien réellement, par l'accumulation de produits de décomposition, que le courant sanguin n'a pas le temps d'enlever, une véritable *prédisposition* aux deux maladies infectieuses dont nous venons de parler, et cela chez des animaux qui, à l'état normal et reposé, sont réfractaires à ces maladies. De plus, ce cas particulier sert à soulever un coin du voile et à nous faire entrevoir en quoi peuvent consister, d'une façon générale, ces états si complexes de l'organisme, d'où dépend sa susceptibilité plus ou moins grande pour telle ou telle espèce de microbes pathogènes, états que l'on désigne précisément par le mot de prédisposition.

Ajoutons seulement que, s'il y a des modifications des humeurs de l'organisme qui le rendent moins résistant à telle ou telle invasion microbienne, il y en a d'autres qui font le contraire, c'est-à-dire qui augmentent sa résistance ; ce dernier fait est celui qui est à la base des inoculations préventives dites *vaccination* ; mais il n'est pas indispensable que cette augmentation de résistance soit produite par l'introduction, du dehors, de l'agent modificateur ; elle peut être le résultat de changements s'effectuant dans l'intérieur de l'organisme lui-même. Récemment, MM. Courmont et Dufaux ont montré que l'extirpation de la rate, opération

facile et indéfiniment supportée par différentes
espèces d'animaux, produit chez le lapin un effet
remarquable au point de vue qui nous occupe :
les lapins « dératés » sont prédisposés à l'infection
par le staphylocoque pyogène, tandis que leur résistance est augmentée vis-à-vis du streptocoque.
Dans une note qui vient de paraître (Société de
Biologie, 12 février), ils reviennent sur ce fait et
montrent qu'il n'est pas dû à une modification
dans la sensibilité du lapin aux toxines, mais bien
à une modification de ses humeurs, qui deviennent
microbiophiles pour le staphylocoque ; cela est
prouvé par l'effet différent que produisent des inoculations comparatives, faites à des lapins normaux, de cultures de ces deux microbes, selon
qu'ils ont été cultivés dans du sérum du sang de
lapin normal, ou dans du serum de lapin dératé.

Ce dernier fait indique la possibilité de modifications analogues de la masse sanguine grâce à un
trouble fonctionnel de la rate plus ou moins marqué, ainsi que la possibilité de modifications diverses, à la suite du fonctionnement insuffisant ou
excessif d'autres organes ; et c'est en effet ce qui
a lieu. Il m'est impossible de m'arrêter ici sur les
phénomènes si complexes et en grande partie encore si obscurs, dont l'étude constitue aujourd'hui
un chapitre nouveau de la physiologie, — sur les
« *sécrétions internes* ». Mais il faut que je dise en

deux mots en quoi ces phénomènes consistent, sauf peut-être à y revenir plus en détail à une autre occasion.

Les glandes sont, on le sait, des organes destinés à fournir un produit qu'elles déversent ou bien au dehors, si c'est un produit excrémentitiel, ou bien dans les viscères creux de l'organisme où ces produits ont à remplir un rôle important (les sucs digestifs par exemple) ; mais ces glandes, — cela est certain du moins pour la plupart d'entre elles, — fournissent en même temps, grâce aux changements multiples que subit le sang qui les traverse, d'autres produits qu'elles n'extraient point de la masse sanguine, qui demeurent au contraire dans celle-ci, et abandonnent la glande avec le sang veineux qui en sort, pour se répandre dans tout l'organisme et y jouer un rôle tantôt utile, tantôt nuisible ; et il y a des organes (les « glandes sanguines »), qui n'ont pas de conduit excréteur et ne sont que des organes à sécrétion interne. La rate est de ce nombre. Nous venons de parler de l'effet que produit son absence sur la réceptivité des lapins pour certaines influences infectieuses ; il en est probablement plus ou moins ainsi chez les autres animaux ; ce qui est certain, c'est que l'extirpation de la rate produit chez tous les animaux chez lesquels l'expérience a été faite, encore un autre effet purement physiologique :

c'est que le proferment qu'élabore et qu'accumule le pancréas, cesse de se transformer en ferment définitif et actif, le ferment protéolytique du suc pancréatique. La digestion duodénale des albumines est ainsi supprimée, et cette suppression est habituellement compensée par un surcroît de la digestion stomacale. C'est au moyen d'une sécrétion interne que la rate peut ainsi agir sur le pancréas. Mais on voit que cette influence ne représente qu'un des effets de l'extirpation de la rate, qui ne nous sont pas tous connus actuellement. Les sécrétions internes jouent un rôle immense dans la composition des liquides de l'organisme.

L'extirpation du pancréas ou sa destruction par un processus pathologique entraîne, indépendamment de la diminution de la digestion intestinale qui doit en résulter, un déséquilibre profond de la nutrition générale, qui se trahit par une production excessive de sucre dans le foie, aboutissant à la glycosurie et accompagnée d'une cachexie diabétique, à laquelle l'animal succombe à bref délai. De deux choses l'une : ou bien le pancréas doit fournir au sang un produit indispensable au maintien de l'équilibre nutritif; ou bien il doit détruire, dans son intérieur ou dans le sang, au moyen de ce produit, une substance dont la présence est nuisible à cet équilibre, et qui a son origine ailleurs. C'est ainsi que la glycogénie hépatique est dans la dépendance du fonctionnement plus ou moins parfait du pancréas.

Cette glycogénie est l'exemple le plus parfait que nous connaissions jusqu'à présent de sécrétion interne ; l'origine du produit (principalement les fécules alimentaires), la forme sous laquelle il se dépose dans le foie (un hydrate de carbone voisin des dextrines), le produit final (le glycose ou sucre hépatique), ainsi que son principal usage (combustible des muscles), — tout nous est connu. Mais ce n'est pas là la seule fonction du foie, cette grande usine chimique de l'organisme ; outre sa sécrétion externe, la plus anciennement connue, la production de la bile, qui est déversée dans l'intestin et qui contribue à la digestion, le foie est encore le siège de la transformation finale, en urée, des produits intermédiaires de la décomposition des autres parties du corps ; et c'est là bien une sécrétion interne, bien que l'urée, qui quitte le foie avec le sang, soit destinée à être éliminée de ce dernier par les reins. Enfin le foie se charge de modifier ou de détruire certains poisons qui lui arrivent par le sang de la veine porte, — absorbés de l'intestin, — mais dont un résulte constamment des processus nutritifs dans le reste du corps. C'est une fonction anti-toxique qui lui est commune avec d'autres organes tels que la thyroïde et les capsules surénales. Il n'y a pas jusqu'au rein, qui cependant ne semble être qu'un organe de simple élimination, qui ne possède lui aussi une influence très marquée sur la nutrition générale : un animal auquel on ne laisse qu'un tiers environ d'un rein, après avoir extirpé l'autre, meurt rapidement d'une dénutrition générale : celle-ci n'est pas due à l'insuffisance de la fonction rénale excrémentielle, ou, en d'autres termes, à la rétention de substances qui ne seraient plus expulsées ; elle est accompagnée plutôt d'une exagération de cette fonction, car il y a non seulement polyurie, mais *azoturie;* — ce fait indique une décomposition exagérée des substances azotées protéiques ; il faut donc bien admettre que le rein fournit, lui aussi, une sécrétion interne ayant pour effet soit de favoriser l'assimilation des substances albumineuses, soit de s'opposer à leur désintégration excessive.

Ces quelques indications peuvent suffire ici pour donner une idée du nombre extraordinaire de facteurs à influence tantôt locale, tantôt générale, qui doivent concourir au maintien de l'équilibre trophique correspondant à l'état normal de l'organisme ; ces facteurs doivent se tenir réciproquement en échec, de telle sorte que l'insuffisance ou l'excès de l'un quelconque d'entre eux trouble cet équilibre, et met l'organisme dans un état pathologique plus ou moins marqué, auquel il succombe souvent. — Ce trouble suffit à lui seul pour constituer les maladies *cachectiques non microbiennes*, telles par exemple que le myxœdème, qui dépend d'une insuffisance de la fonction thyroïdienne, ou la maladie de Basedow, qui semble dépendre au contraire d'un fonctionnement exagéré de la thyroïde; dans d'autre cas, le trouble en question ne constitue qu'un état de prédisposition à telle ou telle maladie infectieuse, qui ne se déclare que si telle ou telle autre espèce de microbes pénètre et se multiplie dans les humeurs de l'organisme, devenu, grâce à ce trouble, un terrain favorable pour elle.

Mais, me dira le lecteur, vous nous ramenez à l'ancienne médecine humorale !

Et pourquoi pas, si les faits nous y ramènent ?

Je me hâte cependant d'ajouter que, pour tout ce qui concerne les maladies infectieuses, l'humorisme moderne, tel que je viens de l'indiquer, n'exclut en aucune façon ni la participation des microbes à la production de la forme spécifique de la maladie qui se déclare, dès leur invasion, chez un individu qui jusqu'alors n'y était que prédisposé, ni le rôle éminemment important pour la défense de l'organisme et éventuellement pour sa guérison, de l'armée des leucocytes qui livrent bataille à celle des microbes, et de la victoire ou de la défaite de laquelle dépend la mort ou la guérison du malade.

Cette découverte de Metschnikoff restera une des
plus grandes et des plus belles découvertes physio-
pathologiques de notre siècle ; aussi y reviendrons-
nous de plus près dans un appendice ad hoc. Humorisme et phagocytie se laissent parfaitement
concilier, en admettant que certains états de caco-
chymie constituent des prédispositions, d'autant
plus dangereuses qu'ils s'opposent plus efficacement à la production copieuse de leucocytes suffisamment vigoureux et suffisamment actifs.

De tout ce qui précède, nous pouvons dès à présent tirer une immense parti pratique. Supprimer
les prédispositions dont nous avons parlé, ce serait supprimer à peu près les maladies qui en découlent ; malheureusement, dans la plupart des cas,
nous ignorons en quoi elles constituent et d'où
elle proviennent ; c'est encore un vaste champ d'é-
tudes à venir. Tout ce qui, d'une façon ou d'une
autre, détériore l'organisme doit y contribuer ; on
connaît aujourd'hui, grâce à une observation beaucoup plus précise et beaucoup plus détaillée que
celle d'autrefois, quelques-unes des causes individuelles ou générales qui entrent en jeu : l'intoxication alcoolique, l'intoxication nicotinique, l'intoxication syphilitique, — et l'*hérédité*, cette ven-
geance implacable de la nature qui punit dans les
enfants innocents l'inconduite et les vices de leurs

parents ; — il serait plus juste de dire : de leurs *pères*, car les mères appartiennent au sexe qui a de tout temps résisté aux excès de tout genre, qui, à cause de cela, peut-être, a toujours été désigné comme étant le sexe « faible », par opposition à l'autre, le « fort » ; les femmes ont certainement, en évitant les détériorations en question, considérablement ralenti la dégénérescence de la race à laquelle les hommes travaillent sans relâche, avec un zèle digne de meilleure cause.

A côté de ces causes volontaires et évitables de détérioration, il en est de plus générales, qui agissent indistinctement sur toute la population, mais au détriment surtout des classes indigentes ; elles dépendent de notre organisation sociale défectueuse, elles ont leur source dans les conditions artificielles et malsaines de la vie que mènent les peuples civilisés et, pour les classes populaires, dans la défectuosité et l'insuffisance de l'alimentation, des logements, des vêtements, d'air pur, de propreté, bref, de tout ce qu'entraîne la misère.

On peut faire beaucoup, on peut faire énormément pour tarir cette source, au moyen d'une hygiène bien entendue. Mais, pour qu'elle fût efficace, il faudrait qu'elle cessât d'être le privilège de quelques initiés, qui prêchent dans le désert, parce que leurs conseils échouent devant l'ignorance et les préjugés absurdes du grand nombre ;

il faudrait que *tous* fussent, non pas des hygiénistes assurément, mais *en état de comprendre* les principaux enseignements de l'hygiène et de les appliquer avec intelligence. Or, il faut pour cela que *tous* y soient préparés par une instruction scientifique suffisante ; il faut que tous, et surtout ceux qui prétendent être des hommes cultivés, aient une notion claire et précise des principaux faits et des principales lois des sciences physiques et naturelles, qui sont à la base de la physiologie, et des principaux faits et des principales lois de la physiologie elle-même, qui est à la base de l'hygiène et de la médecine. Une grande tâche incombe au XXme siècle : celle de délivrer l'instruction secondaire des branches qui n'auraient jamais dû y figurer à titre obligatoire, qui en absorbent toute la sève et le stérilisent, (ainsi que des méthodes surannées, mnémotechniques, qui aboutissent à un savoir formel, livresque, sans contact avec la nature vivante), et de les remplacer par celles indispensables pour l'entendement de la vie. Alors des notions raisonnables se répandront peu à peu dans les masses, pour le plus grand bien physique et moral de l'humanité.

Appendice : *Les Phagocytes.*

(D'APRÈS METSCHNIKOFF.)

On observe souvent, dans diverses infusions, la lutte qui s'engage entre les représentants de la flore et de la faune des microbes. Plusieurs animaux unicellulaires, tels que les amibes et autres Rhizopodes, ainsi que les infusoires flagellés et ciliés, se nourrissent de différentes bactéries, qu'ils saisissent et englobent dans leur protoplasma, afin d'en tirer les matériaux nutritifs nécessaires.

Chez les animaux plus élevés dans la série du règne animal, et composés de plusieurs couches de tissu cellulaire, comme chez les Eponges, la plupart des éléments du corps jouissent de la même faculté que les Protozoaires. A l'exception de l'ectoderme, tégument extérieur de l'éponge (par exemple de la spongille d'eau douce), tout le reste de l'organisme est composé de cellules aptes à englober différents corps solides servant à nourrir l'animal. Dans le cas où ces corps, parvenus dans l'intérieur de la spongille, sont trop grands pour être enveloppés par une seule cellule, il s'amasse dans ce but un nombre plus ou moins considérable de ces dernières. Metschnikoff a observé des faisceaux de leptothrix enveloppés par une gaîne composée de cellules de la couche moyenne (mésoderme) de la spongille.

Chez les Éponges, comme chez les Protozoaires, la digestion s'opère dans l'intérieur des cellules, et pourrait être nommée pour cela *digestion intracellulaire*. Il serait trop long d'énumérer ici les animaux possédant ce mode de digestion. Pour être bref, disons que les représentants des classes inférieures de Métazoaires (comme les Cœlentérés, les Turbellariés), sont presque tous aptes à la digestion intracellulaire, opérée par les cellules de l'entoderme (couche interne). Mais, tandis que, chez les animaux plus élevés, cette digestion est remplacée par une digestion *extracellulaire*, stomacale et intestinale, le mode primitif persiste chez certaines cellules mésodermiques, les *leucocytes* (corpuscules blancs du sang), si semblables à des amibes : ils conservent la faculté d'englober des corps solides avec lesquels ils entrent en contact.

Chez les Spongiaires, le travail des cellules mésodermiques sert à nourrir l'animal entier ; chez tous les autres animaux, la fonction digestive se concentre dans l'appareil entodermique. Néanmoins les cellules du mésoderme mettent à l'œu-

vre leur faculté d'englober et de digérer des corps
solides toutes les fois qu'il s'agit de résorber des
cellules affaiblies ou mortes, ou bien des corps
étrangers introduits dans les tissus de l'animal.
C'est ainsi que les muscles et les nerfs de la queue
des têtards, destinée à disparaître, deviennent la
proie de cellules amiboïdes, qui entourent des pièces conservant encore la structure des faisceaux
musculaires normaux. Pendant la métamorphose
si compliquée que subissent d'autres animaux, la
plus grande partie des tissus larvaires est dévorée
par les leucocytes, dits phagocytes.

Voici comment se produit cette lutte dans quelques cas précis. Prenons comme exemple la métamorphose d'une étoile de mer. Il se forme dans le
corps de sa larve des rudiments d'organes nouveaux, composés de groupes de cellules jeunes et
peu différenciées. Ces éléments se développent
sans être gênés par les phagocytes, présents en
abondance et qui dirigent leurs attaques contre les
organes larvaires, qu'ils dévorent plus ou moins
entièrement. Il s'établit donc une lutte entre les
cellules de la larve et les phagocytes de cette dernière. Les phagocytes détruisent les vieilles cellules et, en respectant les jeunes, facilitent leur développement, qui aboutit à la formation d'une
petite étoile de mer. Le processus de la lutte lors
de la métamorphose de cet échinoderme peut ser-

vir de type pour la transformation d'un très grand
nombre d'animaux. Sous ce rapport, l'histoire de
la mouche présente un grand intérêt. La plupart
des organes de la larve des mouches deviennent la
proie des phagocytes qui pénètrent dans l'intérieur
des faisceaux musculaires, des glandes salivaires
et dans d'autres organes, et dévorent tout leur
contenu. L'intérieur de ces larves en voie de métamorphose se transforme en une masse semi-liquide, semblable à du pus ou de la crème. En
même temps, une masse de cellules jeunes, lais-
sées intactes par les phagocytes, se développent
en nouveaux muscles, nouvelles glandes salivaires, etc., de sorte que l'organisme de l'insecte se
régénère presque entièrement. Ces nouveaux organes, formés au voisinage des phagocytes si vora-
ces, présentent nécessairement une résistance tout
à fait particulière. Ils nous montrent un exemple
d'éléments restés victorieux dans cette lutte intes-
tine des parties de l'organisme. Il n'est donc point
étonnant que les mouches soient plus résistantes que
ceux de leurs congénères (par exemple, les mous-
tiques) dont les tissus ne subissent point de régé-
nération si profonde pendant leur transformation.

Chez les papillons, où la métamorphose est accompagnée de changements moins rapides que
chez les mouches, les phénomènes phagocytaires
jouent également un rôle prépondérant dans le re-

nouvellement des tissus. Les phénomènes d'atrophie des muscles larvaires observés dans ce cas peuvent être expliqués par la destruction des fibrilles musculaires à l'aide de phagocytes, dérivés de la substance des muscles mêmes. Sous ce rapport, ces phénomènes se rattachent complètement à ce qui est la règle pour les grenouilles dont la transformation est pleine d'intérêt au point de vue qui nous occupe.

Lorsque le têtard nage vivement à l'aide de sa grande queue, les tissus de celle-ci offrent déjà des signes de profonds changements. Un certain nombre de muscles se trouvent remplis de phagocytes qui dévorent toute la substance striée et transforment les faisceaux en une masse de cellules mobiles, remplies de débris des parties englobées. Cette destruction phagocytaire s'étend tout le long de la queue et embrasse les nerfs, la peau et le squelette (corde spinale), de sorte que tout le contenu de la queue se transforme en une masse crémeuse, composée de phagocytes remplis de débris de toutes sortes de cellules. Les phagocytes, grâce à leurs mouvements amiboïdes, se dirigent lentement vers la cavité abdominale, transportant dans leur corps les restes des tissus qui formaient la queue.

Tandis que la queue, les branchies et quelques autres organes subissent la destruction par les phagocytes, les parties nouvellement formées, comme les extrémités, se développent progressivement, non gênées par ces cellules.

Mais le rôle des cellules amiboïdes n'est nullement borné aux phénomènes de la résorption des tissus affaiblis ou morts. Elles servent aussi comme moyens de lutte de l'organisme contre les microbes qui pénètrent dans les tissus de l'animal. Comme les amibes ou les infusoires, les phagocytes entourent de leur protoplasma le microbe envahisseur, et le digèrent d'après le mode de la digestion intracellulaire.

Pour mieux observer le phénomène indiqué, Metschnikoff a choisi des animaux transparents, tels que les Daphnies, petits crustacés d'eau douce qui sont souvent sujets au parasitisme d'un champignon inférieur de la famille des levures (*Monospora biscupidata*). Les spores du parasite, en forme de longues aiguilles, pénètrent avec la nourriture dans le canal alimentaire, d'où, en perforant la paroi de l'intestin, elles s'introduisent dans la cavité du corps de la daphnie. Il s'engage aussitôt une lutte entre elles et les leucocytes qui, isolément ou à plusieurs, englobent les spores, et les transforment en un amas de grains informes, sauvant ainsi l'animal du danger auquel il était exposé. Tandis que pour la majorité (80 %), des daphnies infectées, ce rôle prophylactique des leucocytes atteint son but, dans des cas plus rares (20 %), les spores échappent à leur action, et parviennent à germer en donnant un nombre considérable de conidies qui, dans un temps assez court, envahissent la cavité du corps entier ; les leucocytes continuent à lutter en s'incorporant une partie des conidies, mais comme celles-ci se multiplient rapidement et détruisent les phagocytes, la victoire reste toujours du côté du parasite : l'animal infecté succombe.

Chez les animaux supérieurs et l'homme lui-même, il s'opère également une lutte des éléments cellulaires contre l'invasion des microbes, mais ce combat est dans la plupart des cas plus compliqué que chez les daphnies. Le rôle des phagocytes est ordinairement distribué entre deux espèces de cellules. Les unes, plus petites, à noyau lobé ou multiple, les *leucocytes*, dans le sens le plus restreint du mot, sont dispersées dans tous les tissus (cellules migratrices) et concentrées dans les systèmes lymphatique et sanguin, d'où elles émigrent en cas de besoin dans chaque partie du corps envahie par les parasites ; ce sont les *microphages*. Les autres, les *macrophages*, sont les cellules fixes du tissu conjonctif, et, en général, toutes les sortes d'éléments capables d'englober des corps solides, et munis d'un seul grand noyau. Entre les deux espèces de phagocytes, il existe des états transitoires : dans certains cas, il s'opère une transformation des vrais leucocytes émigrés en cellules fixes, des microphages en macrophages.

Dans quelques cas exceptionnels, l'organisme subit l'invasion microbienne sans lui opposer aucune résistance de la part des phagocytes ; la maladie prend alors sa marche la plus rapide et tue infailliblement l'animal. Ainsi les bactéries du choléra des poules se multiplient dans l'organisme de ces gallinacés et des pigeons, sans que les phagocytes soient en état d'englober ou de détruire même un seul de ces parasites. Chez le cobaye, où ces mêmes microbes produisent une affection locale, suivie ordinairement de guérison, on peut facilement constater le rôle thérapeutique des phagocytes ; dans l'amas des cellules de pus qui s'accumulent autour du point d'inoculation du microbe, on distingue notamment des microphages remplis de bactéries.

Dans le charbon, si rapidement mortel, la lutte de la part des microphages est tellement faible que dans le sang et surtout dans la rate des animaux infectés, on observe des milliers de bactéries libres à côté d'une grande quantité de leucocytes complètement hors d'état de prendre les microbes dans leur protoplasma. Il est facile de constater que cette inaptitude ne résulte nullement de la paralysie des leucocytes, puisque ceux-ci se meuvent en même temps à leur façon ordinaire, et englobent aussi des petits corps étrangers, ainsi que les microbes autres que ceux du charbon; seuls, les macrophages de la rate opposent une certaine résistance à l'invasion de ceux-ci, mais cette lutte est trop minime pour produire un résultat favorable à l'animal infecté.

La marche des phénomènes est tout autre dans le cas où le cobaye et le lapin sont inoculés, non pas avec le virus fort du sang de rate, mais avec le vaccin faible de bactéridies charbonneuses. L'inoculation (sous la peau de l'animal) est suivie d'une réaction leucocytaire, grâce à laquelle un bon nombre de microphages entourent les filaments du vaccin, qui deviennent ainsi la proie des phagocytes, et se détruisent dans leur intérieur. Du même coup, les animaux inoculés se trouvent être *vaccinés* contre le charbon non atténué : leurs phagocytes en détruisent à présent les microbes, qu'ils refusaient auparavant.

Les mêmes phénomènes ont été observés après l'inoculation des bactéridies charbonneuses sous la peau de grenouilles maintenues à une température au-dessus de 20° C. Dès le lendemain de l'opération, on était sûr de trouver une quantité de leucocytes remplis de bactéridies, en train d'être digérées. Les jours suivants, tous ou presque tous les bacilles charbonneux étaient englobés par les microphages.

Quoique ces expériences démontrent directement l'action bactéricide des leucocytes, il fallait néanmoins rechercher l'influence du liquide lymphatique sur les microbes introduits. Afin d'éliminer pour un certain temps le rôle des phagocytes, Metschnikoff a inoculé les spores du virus charbonneux dans la chambre antérieure de l'œil d'une grenouille, ainsi que d'un mouton et d'un lapin réfractaires vaccinés. Les spores germaient au bout de peu de temps, et il se développait dans l'humeur aqueuse une masse de bactéridies souvent sous la forme de filaments assez longs. Mais ce développement du virus charbonneux était bientôt suivi d'une ophtalmie, durant laquelle la chambre antérieure se remplissait de leucocytes émigrés qui commençaient leur lutte active contre les bactéridies. Il se formait un vrai hypopion, dans le pus duquel on pouvait observer quantité de leucocytes contenant des bacilles. Peu à peu le nombre de bactéridies libres devenait plus restreint, et jamais l'inoculation dans l'œil chez ces animaux réfractaires ne fut suivie d'une infection générale.

Dans d'autres expériences, Metschnikoff s'est servi de sacs cylindriques préparés avec la moelle de roseaux. Après avoir muni l'intérieur du sac d'un fil de soie couvert de spores charbonneuses, il attachait le bout libre du sac et introduisait celui-ci sous la peau d'une grenouille. Le liquide de la lymphe, traversant la paroi du sac par diffusion, parvient à humecter les spores, qui, dès le second jour, commencent à germer abondamment. Il se développe ensuite, à l'abri des leucocytes, qui ne peuvent pas traverser la membrane du sac, une grande quantité de bâtonnets et de filaments charbonneux dans le liquide appartenant à l'animal réfractaire. Quelquefois il introduisait, en même temps que le sac, un morceau de rate d'une souris charbonneuse sous la peau de la même grenouille. Au bout de cinq ou six jours, il pouvait constater la présence des bactéridies de la rate, pour la plupart mortes, dans l'intérieur des leucocytes, tandis que le sac était rempli d'une masse de bactéridies vivantes, dont la virulence intacte était prouvée par la réussite d'inoculations à d'autres animaux.

Tout cet ensemble d'expériences et d'observations prouve clairement que, dans la lutte de l'organisme contre le virus charbonneux, les éléments phagocytaires jouent un rôle actif et considérable, dont la valeur ne peut plus être niée.

Pour répondre à la question de savoir si l'action microbicide des phagocytes, observée dans la maladie des daphnies et dans le charbon, n'est pas quelque chose d'accidentel, mais constitue réellement la manifestation d'une règle générale, il fallait rechercher plusieurs autres maladies infectieuses, surtout celles qui finissent le plus souvent par la guérison, et y prouver le rôle analogue des phagocytes. Metschnikoff a d'abord étudié *l'érysipèle*. Ses résultats prouvent que la lutte pendant le développement de l'érysipèle présente une grande analogie avec les phénomènes décrits pour les suites de l'inoculation des bactéridies dans la chambre antérieure de l'œil des animaux réfractaires. Après que le microbe s'est propagé dans le tissu cutané et sous-cutané de l'homme, il s'opère une réaction inflammatoire, qui amène une grande quantité de microphages sur le champ de bataille, où ils englobent peu à peu les parasites et les détruisent entièrement. Les macrophages se multiplient vers la fin de la maladie à l'aide de division indirecte (karyokinèse) et, étant incapables de s'incorporer les parasites, s'emploient à englober les leucocytes affaiblis et à résorber les détritus des cellules mortes.

En étudiant les organes intérieurs dans deux cas mortels de fièvre malarique, Metschnikoff a pu se convaincre aussi d'une action très marquée des phagocytes dans cette maladie. Ce sont surtout les macrophages de la rate et du foie qui utilisent des quantités souvent surprenantes de parasites malariques, en même temps, avec les globules rouges du sang, dans l'intérieur desquels on les trouve généralement.

Dans une autre maladie typique, le typhus à rechutes, le sang est rempli, pendant les accès seulement, d'une masse de spirilles excessivement mobiles, disparaissant dans la période d'apyrexie, pour reparaître pendant la rechute suivante, etc. Comme il a été impossible de trouver des spirilles dans l'intérieur des leucocytes pendant l'apyrexie aussi bien que pendant l'accès, et comme cette maladie finit presque toujours par une guérison spontanée, on a prétendu qu'elle offrait un exemple où la victoire de l'organisme sur les spirilles est obtenue sans le concours des phagocytes. Pour résoudre cette objection, intéressante au point de vue principiel, Metschnikoff a étudié le typhus à rechutes sur des singes, chez lesquels l'inoculation de sang contenant des spirilles donne toujours des résultats positifs.

Le typhus à rechutes est une vraie maladie du sang. Au début de l'accès, quand on trouve des spirilles dans chaque goutte de sang tirée des vaisseaux périphériques, la rate en est encore complètement dépourvue. Dans un état plus avancé de la maladie, la quantité des spirilles dans la rate est relativement faible. Cet état de choses change radicalement vers la fin de l'accès, car alors tous les spirilles sont transportés précisément dans la rate. Mais au début de l'apyrexie il n'y a qu'une fort minime quantité de microbes libres : la plupart des spirilles sont englobés par les leucocytes qui abondent dans la substance de la rate. Souvent tout le contenu du microphage se trouve feutré de spirilles, qui forment alors un amas informe de filaments ; ils manquent dans l'intérieur des macrophages, et dans les cellules lymphoïdes qui forment les corpuscules de Malpighi.

Dans une période plus avancée de l'apyrexie, il était beaucoup plus difficile de retrouver les spirilles ; on les rencontre cependant dans l'intérieur des microphages de la rate encore 32 heures après la crise.

Il résulte donc de ces recherches que le typhus à rechutes, loin d'être en désaccord avec la théorie des phagocytes, offre une nouvelle preuve en sa faveur, puisque l'accès sévit pendant la vie libre des spirilles dans le sang et cesse alors qu'ils deviennent la proie des phagocytes.

Il ne faut pas croire cependant qu'il suffise que les microbes soient englobés par les phagocytes pour que l'organisme soit délivré de leur attaque. Ainsi il existe un bon nombre de maladies où l'animal succombe par suite d'une infection, quoique la plupart des parasites se trouvent dans l'intérieur des cellules. C'est le cas pour la septicémie des souris, pour la lèpre et la tuberculose. On a même cru trouver, dans ces maladies, une objection sérieuse contre la théorie des phagocytes. Mais, pour obtenir la guérison, il est indispensable de *tuer* le microbe ou, pour le moins, de le rendre complètement inoffensif. Or, nous voyons des cas où la cellule est dans l'impossibilité d'obtenir ce résultat, comme il y a des substances qui ne peuvent pas être digérées par nos intestins, d'où elles sortent complètement intactes. Les bacilles de la septicémie des souris, munis d'une membrane assez dure, surmontent la résistance des phagocytes et finissent par tuer l'animal, quoique l'opposition de l'organisme, dans ce cas, prolonge son existence plus longtemps qu'avec l'infection charbonneuse, où les bactéridies se développent sans rencontrer aucune réaction de la part des phagocytes. Les bacilles de la lèpre et de la tuberculose se distinguent justement par la solidité de leur enveloppe et les deux maladies qu'ils produisent sont chroniques. Dans le cas où la septicémie des souris provoque seulement une maladie passagère, comme chez les lapins, les bacilles se retrouvent aussi dans l'intérieur des phagocytes, des microphages ainsi que des macrophages.

La phagocytie peut aussi faciliter l'explication des phénomènes extraordinaires de l'*immunité* naturelle ou acquise. Des observations directes, plusieurs fois répétées, sur la réaction leucocytaire contre l'infection charbonneuse, montrent clairement que les phagocytes peuvent s'habituer graduellement à détruire des microbes qu'ils évitaient au commencement, et qu'ils acquièrent lentement l'habitude de digérer des microbes qui passaient intacts à travers leurs corps.

D'après ce point de vue, l'infection se déclarait à la suite du refus des phagocytes de manger une espèce déterminée de microbes (comme dans le cas du charbon chez les petits animaux ou du choléra mortel des poules), ou d'une « dyspepsie » de ces cellules vis-à-vis des microbes de maladies telles que la tuberculose ou la septicémie des souris, où les bacilles sont englobés mais non détruits par les phagocytes. Le célèbre botaniste de Strasbourg, M. de Bary, cite comme un fait analogue la faculté des plasmodies des Myxomicètes de s'habituer au contact de corps d'une certaine propriété chimique, qui étaient énergiquement évités au début. Dans le règne animal, des exemples analogues sont offerts par le fait que certains animaux s'habituent à une alimentation totalement différente de leur alimentation naturelle ; l'exemple le plus frappant, dans cet ordre de phénomènes, c'est la façon dont l'homme s'habitue à l'usage de substances non seulement inutiles, mais nuisibles, telles que l'alcool ou le tabac.

Dans les cas d'immunité obtenue artificiellement à l'aide d'inoculations préventives, il s'agit quelquefois, comme nous l'avons vu pour le charbon, d'*habituer* les microphages à dévorer une espèce de bacilles qui étaient évités par ces cellules dans leur état naturel. Dans d'autres exemples de prophylaxie, il se peut que les phagocytes, capables d'englober les microbes pathogènes, ne soient pas toujours en état de les digérer, et de supprimer ainsi complètement leur nocuité ; la maladie reste alors à l'état chronique avec des hausses et des baisses correspondant à l'activité plus ou moins énergique des phagocytes, activité qui, à son tour, correspond aux oscillations en bien ou en mal de l'état général de l'organisme.

On voit quelle vive lumière ces recherches de Metschnikoff, à l'appui desquelles sont venues celles d'un grand nombre d'observateurs, projettent sur les phénomènes d'infection ou de résistance, d'immunité naturelle ou acquise, de mort ou de guérison ; sans prétendre que toutes les parties des conclusions qu'on peut en tirer soient rigoureusement vraies et définitivement prouvées, les faits, observations et expériences, exposés dans cette causerie, autorisent la généralisation suivante, — sauf à en corriger et à en compléter l'énoncé conformément aux résultats de recherches ultérieures :

1° Seul un organisme offrant un terrain propice à la multiplication d'un microbe donné peut en être envahi et infecté.

2° Une fois infecté, il peut succomber ou se remettre, selon que ses phagocytes sont, quantitativement ou qualitativement, en état de détruire les microbes envahisseurs, ou qu'ils en sont incapables.

3° Certaines maladies laissent après elles un état d'immunité plus au moins complète vis-à-vis des microbes correspondants ; telles la rougeole, la scarlatine, la petite vérole, toutes maladies que l'on ne contracte habituellement qu'une seule fois. Cela s'explique par une modification des humeurs de l'organisme et par une activité accrue de ses phagocytes.

4° Une immunité semblable peut être conférée à l'organisme en *amorçant*, pour ainsi dire, la voracité de ses phagocytes vis-à-vis de certains microbes qu'ils refusaient de détruire, au moyen de l'infection artificielle avec des virus analogues, mais beaucoup plus faibles ou « atténués » ; c'est là ce qui constitue les inoculations préventives ou *vaccinations*.

Il est encore deux points sur lesquels je désire, en terminant, attirer l'attention du lecteur :

Dans un grand nombre de cas, lorsqu'un individu guérit *complètement* d'une maladie infectieuse aiguë, il acquiert, après la période de convalescence, bien entendu, un état général de santé, une vigueur et une résistance à de nouvelles infections, supérieurs à ceux dont il jouissait avant de tomber malade ; l'exemple le plus connu et le plus frappant de cette sorte de rajeunissement, accompagné d'un nouvel essor de la nutrition générale, est souvent offert par les personnes qui guérissent de la fièvre typhoïde. Pour expliquer ce phénomène, il faut se rappeler que les phagocytes englobent et détruisent non seulement les microbes et toutes les particules étrangères qui pénètrent dans l'organisme, mais aussi les éléments histologiques dont il est construit, dès que ces éléments s'affaiblissent ou périssent pour une raison quelconque (atrophie musculaire, dégénérescence nerveuse, etc.). Or, il est clair que, dans le courant d'une maladie où l'organisme tout entier souffre profondément et subit une énorme dénutrition générale, ce sont les éléments les plus vieux, les plus usés, les plus faibles qui succombent les premiers et qui sont, au fur et à mesure, enlevés et détruits par les phagocytes ; il s'ensuit que, si le malade guérit, son organisme se compose des éléments les plus jeunes, les plus actifs, les plus vigoureux, qui ont résisté aux causes de détérioration morbide, — et ce sont eux, maintenant, qui, en se multipliant, *reconstruisent* l'organisme; celui-ci devient ainsi non seulement plus vigoureux et en apparence plus jeune, mais aussi, à cause même de cette rénovation de ses éléments constituants, plus résistant vis-à-vis des influences pathogènes auxquelles il peut se trouver exposé. C'est ainsi que, souvent, (pas toujours malheureusement), un individu ayant surmonté une maladie infectieuse, offre non seulement à la même espèce d'infection, mais à toutes les autres, une immunité relative plus efficace que celle qu'il possédait auparavant.

Enfin, s'il résulte des faits et considérations précédents qu'une invasion microbienne est le facteur décisif qui produit, dans un organisme *prédisposé*, telle ou telle autre maladie spécifique et que, par conséquent, tous les moyens indiqués par l'hygiène pour éviter et combattre les prédispositions devraient être intelligemment employés sans relâche par les individus et par la communauté, — il en résulte, d'autre part, que si, dans la vie quotidienne, il *faut* des précautions, *pas trop n'en faut*. Des précautions exagérées peuvent, en effet, faire plus de mal que de bien : l'exclusion totale de tous les microbes répandus un peu partout, — à supposer qu'elle soit possible, — pourrait, à la longue, affaiblir ou supprimer la tendance des phagocytes de détruire ceux qui, malgré tout, réussiraient à pénétrer dans le corps et cette dé-

suétude pourrait avoir pour conséquence une lutte
insuffisante de leur part en cas d'invasion plus
nombreuse; il vaut donc mieux, en somme, les
maintenir en exercice, pour ainsi dire, afin qu'au
besoin, ils remplissent énergiquement leur rôle
défensif. De sorte que, s'il est évidemment indiqué d'éviter un air ou des aliments et des boissons contenant une abondance insolite de microbes pathogènes, il est absurde de passer sa vie à
vouloir se prémunir absolument contre la présence
inévitable du nombre banal et relativement petit
de microbes divers, dont il est, également, impossible de se débarrasser. Cela est absurde, en premier lieu, parce que la préoccupation constante
des précautions à prendre, dont la plupart sont
illusoires, empêche la simple et saine jouissance
de la vie; en second lieu, parce que, aussi bien,
les microbes des espèces les plus virulentes et les
plus dangereuses ne se trouvent que très rarement et dans des conditions tout à fait exceptionnelles dans l'air, dans l'eau ou dans nos aliments
usuels; en troisième lieu, parce que l'organisme
est pourvu de différents moyens de défense, qui
suffisent amplement, dans les conditions ordinaires, pour supprimer rapidement les microbes innocents ou nuisibles que le hasard lui amène en
petit nombre; enfin, cela est absurde, en dernier
lieu, parce que plus le but de telles précautions

excessives, et néanmoins toujours insuffisantes, serait réellement atteint, plus aussi ce résultat contribuerait, je le répète, à affaiblir par la désuétude, la défense la plus efficace dont l'organisme dispose : celle au moyen des phagocytes.

IV

IRRITABILITÉ, NUTRITION

I. PROTOPLASMA ET DIFFÉRENCIATION

L'organisme animal est un foyer de nombreux phénomènes qui tous se réduisent, nous le savons, à des changements matériels et à des changements dynamiques ; chez les organismes supérieurs, chacun de ces changements a lieu dans une partie déterminée du corps, organe ou tissu, dont il constitue la « fonction » : les glandes sécrètent, les muscles se contractent, les nerfs transmettent, etc. Tous ces organes sont composés d'éléments microscopiques, cellules ou dérivés de cellules, et c'est le *protoplasma* de ces éléments qui est la vraie matière vivante, *the physical basis of life*, selon l'expression de Huxley.

Une foule d'êtres vivants qui ne sont que des agglomérations de protoplasma, comme les plasmodies des myxomicètes, ou des gouttelettes, comme les amibes, n'offrant aucune structure particulière, amorphes, homogènes (en tant que du protoplasma peut l'être), — mènent une vie indépendante dont les manifestations sont aussi élémentaires que leur structure, mais où nous pouvons reconnaître tous les phénomènes vitaux essentiels dont nous avons parlé dans notre première causerie.

Prenons l'*amibe* comme type de ces êtres ; elle a l'avantage d'offrir de très grandes analogies avec certains éléments des organismes supérieurs qui conservent indéfiniment leur caractère primitif et se comportent dans ces organismes, bien qu'ils en fassent partie, comme des êtres indépendants ; je fais allusion à certaines cellules d'origine mésodermique, qui ne sont pas autre chose que les corpuscules blancs du sang, les *leucocytes*.

Ces gouttelettes de protoplasma, que ce soient des amibes libres ou des leucocytes, placées sur un porte-objet, dans un milieu favorable à leur existence et à leur nutrition, et maintenues à une température favorable, vivent pendant quelque temps, s'y meuvent, mais finissent bientôt par périr asphyxiées par l'acide carbonique qu'elles produisent et par le manque d'oxygène. Or, si l'on vient à introduire dans le liquide qui les abrite quelques bulles d'air atmosphérique, ou mieux d'oxygène, on voit ces êtres émettre des prolongements dans la direction de ces bulles et se mettre

en mouvement afin de s'en rapprocher ; si, au lieu
d'oxygène, on introduit un gaz indifférent non
toxique, tel, par exemple, que l'azote ou l'hydrogène, les amibes ou les leucocytes ne font rien de
semblable et cherchent plutôt à s'en éloigner. On
dit que c'est là un simple phénomène d'attraction
ou de répulsion de certaines substances vis-à-vis
du protoplasma et on l'appelle un phénomène de
« chimiotaxie ; » le mot est peut-être bien trouvé,
mais le sens exact qu'on doit lui attribuer n'est
rien moins que clair : lorsqu'un chien suit la piste
d'un gibier ou recherche avidement un morceau
de viande, ou bien lorsqu'il se détourne d'un objet
qui répand une odeur désagréable pour lui, cela
n'est-il pas aussi de la chimiotaxie ? Et vice-versa,
lorsqu'une amibe recherche l'oxygène ou fuit l'a-
zote, cela n'est-il pas un phénomène de sensation,
aussi vague et aussi obtuse qu'on voudra, mais
qui cependant semble lui être agréable ou désagréable ? Nous avons déjà vu que rien ne nous
autorise à dénier toute sensibilité aux organismes
les plus simples ; où donc placer la limite entre
chimiotaxie et sensation, entre attraction et répulsion d'une part, et choix d'autre part ?

Dans leur manière de se nourrir, les amibes
montrent plus clairement encore qu'elles sont capables de distinguer entre différentes impressions,
et d'y conformer leur manière de se comporter :

en circulant dans leur milieu liquide, elles rencontrent une foule de particules, inorganiques ou organiques ; au contact des unes elles retirent leurs pseudopodes et vont ailleurs ; au contact des autres, elles cherchent au contraire à les saisir, les englobent, en les faisant pénétrer, par un point quelconque de leur surface, dans l'intérieur de leur corps et les digèrent. De même que leur respiration, leur digestion est analogue, pour ce qu'elle offre d'essentiel, à celle des animaux supérieurs : leur substance produit des ferments digérants, un ferment saccharifiant et un ferment peptonisant, qui agissent l'un sur les amidons, et l'autre sur l'albumine, exactement comme la ptyaline ou comme la pepsine ou la trypsine ; on a réussi à en extraire ces ferments au moyen de la glycérine, et l'on admet généralement que celui qui digère les albumines est de la pepsine, parce qu'il digère dans un milieu légèrement acide ; mais une légère acidité n'empêche pas la trypsine de digérer et il se peut, par conséquent, qu'il s'agisse de cette dernière ; cela est d'autant plus probable que l'on n'a jamais constaté la présence d'un acide dans les extraits.

Enfin, différentes influences mécaniques (chocs, frôlements, piqûres), physiques (chaleur, lumière, électricité) ou chimiques (substances dissoutes dans le milieu où se trouvent les amibes ou les leucocytes), provoquent de leur part des réactions tout à fait analogues à celles que l'on observe chez les animaux supérieurs.

Ainsi donc, tous les phénomènes essentiels dont l'ensemble constitue la vie, se retrouvent sous une forme élémentaire chez ces êtres protoplasmiques également élémentaires ; et on peut dire qu'aucune des fonctions d'un organisme supérieur ne fait absolument défaut chez eux : elles s'y trouvent toutes en germe, sous une forme rudimentaire.

Ce qu'il y a ici de plus remarquable, c'est que chaque particule de ces gouttelettes vivantes peut indifféremment jouer tel ou tel rôle : l'indifférence de fonction correspond à l'indifférence de structure.

Nous avons reconnu dans le protoplasma anhiste et homogène la *matière* vivante fondamentale ; pouvons-nous déceler au milieu des phénomènes variés dont il est le siège, une *propriété* fondamentale, unique, qui en serait l'apanage et la caractéristique tant qu'il est vivant, — une propriété au fond toujours la même, mais qui se manifesterait seulement par des effets différents et variés dans lesquels prédominerait tantôt le côté physique et tantôt le côté chimique du phénomène ? Ce qui caractérise sans exception toute matière vivante, c'est le fait de réagir par des changements déterminés à des influences déterminées ; toute action est une réaction ; la propriété caractéristique de la substance vivante consiste précisément en ce fait, et nous pouvons appeler la propriété grâce à laquelle elle réagit d'une façon quelconque, son *irritabilité*. Le protoplasma vivant est *irritable*; quand il cesse de l'être, il cesse de vivre ; il se décompose alors et se désagrège.

Les amides, les leucocytes réagissent d'une façon déterminée à des influences déterminées ; seulement, tandis que chez les animaux supérieurs les différents tissus réagissent chacun à sa manière et à certaines « irritations » seulement, chez ces êtres inférieurs, toute particule de leur corps étant identique à toute autre, chacune d'elles peut réagir de telle ou de telle façon, selon qu'elle est « irritée » par telle ou telle influence.

La spécialisation des attributions dans les différents tissus des animaux supérieurs, cette espèce de division du travail physiologique, a lieu grâce à une différentiation graduelle, croissante et simultanée de la structure ; plus chaque tissu se différencie nettement des autres, plus aussi son irritabilité prend une forme qui lui est particulière. Dans la série zoologique, les phases successives de cette évolution sont pour ainsi dire fixées chez les adultes des différentes espèces d'animaux ; mais, pendant le développement individuel, nous pouvons l'observer directement et la suivre pas à pas ; les deux séries, la *zoologique* et l'*embryologique*, offrent un parallélisme frappant ; c'est là un des faits les plus importants sur lesquels repose la théorie de l'évolution ; il y a analogie et corrélation évidente entre les étapes définitives des différentes formes d'organismes vivants et les phases passagères par lesquelles passe chaque représentant de ces formes pendant son développement individuel. C'est pourquoi l'ontogénie a été regardée comme une rapide répétition de la phylogénie, et ce processus a été désigné par l'expression d'*hérédité abrégée*; dans ses grandes lignes, ce fait est actuellement reconnu par tous les naturalistes. Ajoutons qu'il y a une troisième série parallèle aux deux précédentes : c'est la série *paléontologique* : les êtres qui habitaient autrefois la terre et qui sont actuellement fossiles, en tant qu'on peut retrouver leurs restes et reconstituer leur organisation telle qu'elle a dû être, — offrent eux aussi, dans la succession des périodes géologiques, une série de formes se différenciant graduellement, parallèle aux deux séries dont nous venons de parler ; en d'autres termes, les animaux fossiles représentent, dans leur état adulte, soit les formes inférieures de ceux qui existent actuellement, soit les formes passagères par lesquelles passent, pendant leur développement, les représentants supérieurs de la faune actuelle. Quand trois séries de faits se corroborent ainsi réciproquement, la conclusion qui en ressort s'impose et devient une certitude. C'est la théorie de l'évolution qui explique mieux que toute autre ce triple parallélisme ; sans elle, il serait un hasard ou un miracle ; et il n'y a dans tous ses phénomènes que des séries ininterrompues d'effets ou de conséquents, qui se déroulent à la suite de leurs causes ou de leurs antécédents.

La différentiation structurale et fonctionnelle est la condition essentielle du progrès : il est clair que la simple multiplication d'éléments identiques à fonctions identiques ne constituerait pas un perfectionnement ; si l'œuf, par exemple, se segmentait indéfiniment en cellules toujours identiques, il n'en sortirait pas un organisme plus parfait ou plus complexe, mais un amas informe de cellules, qui ne pourrait pas subsister ; mais il n'en est pas ainsi et, en se segmentant, les éléments de l'œuf prennent peu à peu des caractères spéciaux, développent plus spécialement telle ou telle autre forme d'irritabilité et se groupent différemment pour constituer les différents tissus et organes du corps. Il en est de même dans l'évolution du règne animal ; un être multicellulaire composé de cellules identiques, ne pourrait exister ; pour qu'il subsiste, il faut qu'il y ait, comme chez l'embryon, une différentiation croissante, structurale et fonctionnelle ; les êtres multicellulaires sont de vastes associations d'éléments histologiques, dont chacun a pris sur lui certaines formes de l'irritabilité, et les a perfectionnées ; les fonctions de ces éléments doivent toutes contribuer, chacune à sa manière, à l'existence de la communauté tout entière ; un organisme supérieur est un *tout*, au bien-être duquel doit contribuer chaque groupe de cellules, dont le travail doit être mesuré, ni excessif, ni insuffisant, et s'accomplir au bon moment, ni trop tôt, ni trop tard, afin d'être utile à la communauté ; autrement l'harmonie serait rompue, et l'être souffrirait ou périrait ; une bonne coordination et une bonne subordination des processus multiples qui concourent au maintien de cet équilibre (qui est l'état sain et normal de l'individu) sont indispensables. Or, afin qu'elles puissent avoir lieu, il faut qu'il y ait, entre les diverses parties du corps, des organes de communication facile et rapide ; cela n'est pas nécessaire chez l'amibe, où il suffit qu'une partie quelconque ingère des particules alimentaires et les digère, pour que le reste en profite, ou qu'elle reçoive un choc pour que le reste y réagisse ; mais de tels processus seraient trop lents pour maintenir et sauvegarder la masse d'un organisme supérieur. Les réactions chimiques y sont trop rapides et trop vives et les besoins lo-

caux trop intenses et trop urgents pour que l'é-
change trophique puisse avoir lieu par simple diffusion; il faut par conséquent qu'il y ait, pour
l'apport des matériaux de reconstitution et pour
l'éloignement des produits de décomposition, un
mécanisme spécial, un système d'organes qui opè-
rent l'irrigation et le drainage de toutes les parties du corps. Et, pour la vie de relation, il en est
de même : il faut que toute excitation frappant la
périphérie soit immédiatement signalée au centre
nerveux et que celui-ci, averti, puisse immédiatement mettre en jeu les organes du mouvement,
afin que la réaction se produise en temps utile.—
Aussi, un organisme supérieur se compose-t-il de
deux systèmes d'organes dont chacun a pour mis-
sion de remplir l'une des deux grandes catégories
de fonctions, les fonctions chimiques ou les fonctions physiques, desservant ainsi la vie de nutrition ou la vie de relation ; ils sont emboîtés l'un
dans l'autre et ne peuvent exister l'un sans l'autre ;
ils sont en même temps le maître et l'esclave l'un
de l'autre ; si l'un d'eux faillit à sa besogne, l'autre en souffre, et l'organisme succombe. Pour la
vie de nutrition, c'est la *circulation du sang* qui
est la fonction maîtresse et le *cœur* le maître organe ; toutes les autres fonctions chimiques ne
sont que des auxiliaires qui fournissent au sang
les matériaux dont il a besoin ou qui le purgent de

ceux qu'il ne peut plus utiliser, bref, qui veillent au maintien de sa composition. Pour la vie de relation, le maître organe est le *cerveau*, et la fonction maîtresse l'*action reflexe*; toutes les autres ne sont de nouveau que des auxiliaires destinés soit à mettre le cerveau en éveil, soit à exécuter ses ordres.

Examinons de plus près les fonctions de la vie de nutrition.

II. NUTRITION ET CIRCULATION

Nous avons, avant tout, à prouver que la circulation du sang est bien la fonction maîtresse de la vie de nutrition et, par elle, de la vie de relation.

L'échange nutritif est, on le sait, la condition indispensable du maintien de l'intégrité chimique des tissus et, par conséquent, du maintien de leurs propriétés physiologiques ; cet échange est opéré chez les organismes supérieurs par l'intermédiaire du sang. Le sang est le milieu intérieur qui fournit aux divers tissus les matériaux de reconstruction dont ils ont besoin et auquel ils rendent les produits de décomposition dont l'accumulation leur serait funeste. Il faut que le sang soit en mouvement continuel pour que cette irrigation et ce drainage puissent s'accomplir ; l'échange nutritif cesse dans un organe qui ne reçoit plus le sang ou dans lequel le sang est arrêté; il ne peut plus se reconstituer, il ne peut que se décomposer ; une seule chose peut encore le sauver : le rétablissement de la circulation. Voici quelques expériences qui le démontrent :

On prend, sans le blesser, un lapin normal, on cherche du bout des doigts le pouls de l'aorte abdominale, au fond du sillon musculaire où elle est située, et on comprime cette artère, qui irrigue tout le train postérieur de l'animal, de façon à intercepter le courant sanguin ; dès que le sang est arrêté, la queue du lapin qui se tient habituellement dressée contre le sacrum, commence à s'abaisser, elle tombe et pend comme un corps inerte ; c'est que la partie inférieure de la moelle épinière qui innerve les muscles redresseurs de la queue, cesse d'être active. Un instant plus tard, on peut prendre l'une après l'autre les pattes postérieures du lapin, les étendre en arrière et les poser sur leur face antérieure : un lapin normal résiste à cette extension et ne laisse pas un instant ses pattes dans une attitude aussi insolite et aussi incommode : il reprend immédiatement son attitude habituelle, accroupie. Notre lapin ne semble pas s'apercevoir de ce qui se passe dans ses membres postérieurs ; sa sensibilité est émoussée, elle sera bientôt abolie ; on pourra alors pincer, piquer, couper, brûler ses pattes, sans qu'il éprouve aucune douleur ; et il lui est également impossible de les mouvoir. Cependant les organe périphériques de la vie de relation, nerfs et muscles, sont encore excitables ; en effet, si l'on pratique une incision profonde destinée à mettre à nu le tronc du nerf sciatique, et qu'on exite ce nerf directement, au moyen, par exemple, de secousses électriques, on obtient de fortes contractions dans les muscles, et c'est seulement plus tard que ces organes, d'abord les nerfs et ensuite les muscles, perdent leur excitabilité. Mais il est incommode de prolonger la compression digitale de l'aorte assez longtemps pour obtenir ce résultat ; si l'on veut atteindre cette phase de la mort des tissus, ou des phases encore plus avancées de cette mort, il faut mettre à nu l'aorte abdominale et la lier au moyen d'un fil, suffisamment serré pour y intercepter toute circulation. On peut alors prolonger l'observation aussi longtemps qu'on veut et constater la perte complète de l'excitabilité nerveuse et musculaire, le refroidissement de l'extrémité et le commencement de la rigidité cadavérique. Si l'on prolonge encore l'observation, on assiste au début de la putréfaction dans toutes les parties du train postérieur qui ne reçoivent plus de sang, et l'animal finit par mourir, grâce à la résorption des produits de putréfaction de ces parties, et à l'infection septique du train antérieur qu'elle entraîne. L'absence de la circulation sanguine est donc rapidement suivie de la mort de tous les tissus intéressés ; or, si cette circulation est réellement la condition primordiale de leur vitalité, ne pourrait-on pas leur rendre toutes les propriétés qu'ils ont perdues en leur rendant le courant sanguin ? Evidemment, si l'on attend que les tissus soient désorganisés, cela n'est plus possible ; mais le muscle *rigide* n'est pas encore désorganisé ; la première phase de la rigidité cadavérique n'est même pas le premier signe de la mort du muscle, mais au contraire le dernier signe de sa vie : c'est une contraction active des muscles encore excitables, excités par un irritant chimique qui, dans ce cas, se produit et s'accumule dans l'épaisseur même des muscles, ainsi que j'aurai peut-être l'occasion de l'expliquer plus en détail ailleurs ; c'est la *résolution* de la rigidité qui indique la mort complète du tissu musculaire et le moment où va commencer la désorganisation putride ; c'est aussi le moment où il faut tenter sa résurrection. On lâche l'aorte qui était comprimée, ou on enlève la ligature ; pendant quelque temps, cela ne semble produire aucun changement, si ce n'est un retour de coloration rougeâtre et de tiédeur dans les extrémités pâles et

froides ; mais la paralysie sensitive et motrice est
encore complète, l'animal essaie de se mouvoir
en s'appuyant sur ses pattes antérieures, mais il
traîne après lui un train postérieur inerte. Si à
présent on met à nu un muscle et que, de temps
en temps, on l'excite directement, on constate le
retour graduel de son excitabilité à son niveau normal ; les troncs nerveux sont encore inexcitables
et ne reprennent leurs propriétés physiologiques
que plus tard ; l'action réflexe, fonction caractéristique de la substance nerveuse centrale, est la
dernière à se rétablir : la queue du lapin ne se re-
lève que lorsqu'il commence à mouvoir ses jambes
et à sentir que l'on pique, pince ou comprime l'une
de ses pattes postérieures.

Ces observations montrent que les propriétés
physiologiques des différents tissus ne disparaissent pas à l'instant même où le sang cesse de circuler : elles se maintiennent pendant quelque
temps ; elles finissent par disparaître, mais elles
disparaissent *successivement* et non simultanément : les centres nerveux sont les premiers à
souffrir, les muscles les derniers. Le retour des
propriétés physiologiques se fait plus lentement
que leur perte et *en ordre inverse* : les muscles se
rétablissent les premiers, les centres nerveux les
derniers. L'expérience, dans sa totalité, montre
clairement que c'est bien de la circulation du sang,

comme moyen de nutrition, que dépend la vie de chaque tissu et de chaque organe.

Nous pouvons, par d'autres expériences, contrôler ces conclusions. En premier lieu, écartons une idée qui pourrait se présenter à la pensée de quelques-uns : si le train postérieur, mort après la ligature de l'aorte, revient à la vie lorsqu'on enlève la ligature, est-ce bien réellement et seulement à cause de la reprise de l'échange nutritif, ou bien une influence mystérieuse, « vitale », s'étendrait-elle peu à peu des parties vivantes aux parties mortes pour les animer de nouveau ? Notre expérience, modifiée de la façon suivante, répond à cette question : au lieu de lier simplement l'artère d'une partie du corps, faisons l'amputation de cette partie ; un membre amputé est sûrement condamné à mourir à bref délai, mais si, au premier signe de mort de ses nerfs et de ses muscles, nous soumettons ce membre à la *circulation artificielle*, c'est-à-dire à l'injection prolongée de sang défibriné de la même espèce animale, ou d'une autre espèce, nous y rétablissons l'échange nutritif, les propriétés physiologiques de ses différents tissus réapparaissent les unes après les autres et il redevient ce qu'il était au moment où il a été séparé du reste de l'organisme. Nous pouvons, de cette façon, y maintenir pendant fort longtemps la structure et la fonction des organes qu'il renferme. Dans ce cas, toute in-

fluence « vitale » provenant du corps auquel appar-
tenait le membre amputé, est absolument exclue.

Il va sans dire que ce qui précède s'applique,
théoriquement, à tous les organes, sans en exclure
aucun ; les expériences n'ont réellement été faites
que sur quelques-uns d'entre eux, habituellement
sur des muscles, parce qu'elles sont plus faciles.
Un grand nombre ont été faites sur le cœur, qui
n'a pas besoin d'excitations artificielles pour révéler le maintien ou le retour de l'excitabilité du
muscle lui-même et des terminaisons nerveuses
qu'il contient ; les battements du cœur sont dus, en
effet, à des excitations agissant localement, à la
périphérie, dans l'épaisseur même du myocarde ;
il renferme tous les facteurs nécessaires à la production de ses contractions et de l'alternance in-
cessante des systoles et des diastoles, et n'a aucun
besoin de l'ingérence des centres nerveux, si ce
n'est pour en régler le rythme ; c'est pour cela
que le cœur continue à battre lorsqu'on a coupé
tous les nerfs qu'il reçoit et même, pendant quelque temps, lorsqu'on l'a excisé et sorti complètement de l'organisme. Or, un cœur ainsi isolé,
pourvu qu'on lui fournisse de quoi continuer à se
nourrir, en y faisant circuler du sang défibriné,
reprend ses battements qui avaient cessé et continue à battre tant qu'on maintient la circulation artificielle. On a ainsi fait battre des cœurs humains.

pris sur des suppliciés, en y injectant du sang de
bœuf.

Il n'y a point de difficulté à admettre qu'une
glande traitée de la même manière continue ou
recommence à sécréter, mais beaucoup de personnes se demanderont si rien de semblable est
possible avec un organe aussi délicat et à fonctions aussi délicates que le *cerveau*. Des expériences ont été faites sur des têtes amputées de
chats et de chiens ; dès le moment de la décapitation, tout le sang contenu dans la tête s'écoule
par les gros troncs vasculaires béants, la tête devient exsangue ; immédiatement, la substance grise
du cerveau, le véritable siège de ses fonctions
centrales, est mise hors d'action, exactement
comme l'axe gris de la moëlle épinière dans le cas
de la ligature de l'aorte abdominale chez le lapin.
Il n'est même pas besoin que tout le sang dispa-
raisse ainsi des vaisseaux cérébraux pour produire
cet effet ; il suffit qu'il y ait une forte diminution
de l'afflux du sang ; c'est en effet ce qui arrive
dans *l'évanouissement* : les battements du cœur
s'affaiblissent et se ralentissent, s'arrêtent même
quelquefois, pour un instant ; cela diminue énormément la quantité et la pression du sang que reçoit le cerveau et supprime l'excitabilité de la substance grise ; l'individu chancelle, s'affaisse, tombe
en syncope ; il n'a plus aucune sensibilité, aucune

conscience ni de lui-même ni du monde extérieur;
l'évanouissement est, pour ainsi dire, une petite
mort momentanée ; si l'on en revient, c'est uniquement parce que le cœur reprend l'énergie et
la fréquence de ses battements et rétablit ainsi
l'état normal de la circulation dans le cerveau ; si le
cœur ne recommençait pas bientôt à fonctionner,
chaque syncope serait la mort définitive et irrévo-
cable. Dans les expériences sur les têtes d'animaux
décapités, nous ne faisons qu'exagérer artificiellement ce qui a lieu dans la syncope : nous privons
complètement la tête de toute circulation, nous
prolongeons l'arrêt de nutrition qui s'ensuit
autant que nous voulons et nous le rétablissons
quand nous voulons, par l'injection de sang défibriné. L'action réflexe est abolie peu d'instants
après la décapitation ; si on touche la surface de
l'œil, par exemple, les paupières restent immobiles et ne clignent plus, si on fait tomber un rayon
de lumière dans les yeux, l'iris ne se contracte
plus et la pupille ne devient pas plus petite ; mais
les nerfs et les muscles de la tête restent encore
excitables plus ou moins longtemps. Si, bientôt
après la décapitation, on commence l'injection de
sang défibriné, muscles et nerfs conservent leur
excitabilité et, au bout de quelque temps, on peut
constater le rétablissement de l'action réflexe, par
le clignement des paupières à chaque attouchement

de la cornée, ou par le rétrécissement de la pupille chaque fois qu'une forte lumière est dirigée sur le fond de l'œil. On obtient ce résultat après avoir attendu bien plus longtemps qu'il ne le faut pour être certain que la substance grise est réellement devenue incapable de fonctionner ; c'est donc un véritable *rétablissement* de ses propriétés physiologiques perdues.

Mais on pensera peut-être que ce rétablissement n'est que partiel et ne concerne que les réflexes les plus élémentaires, — machinaux, ou automatiques et inconscients, tels, précisément, que la contraction des muscles des paupières ou celle de l'iris, et l'on se demandera si nous pouvons obtenir un rétablissement plus complet, allant jusqu'à la réapparition de phénomènes d'un ordre plus élevé, dans lesquels il soit impossible de méconnaître la participation de la conscience, qui soient, en un mot, des phénomènes *psychiques*. Des expériences semblables ont été poussées plus loin, et cela par des physiologistes de premier ordre, tels que Brown-Séquard et Claude Bernard ; l'un d'eux l'a faite sur la tête d'un chien qu'il connaissait ; il a soigneusement prolongé la circulation artificielle après le rétablissement des réflexes oculaires et, à un moment donné, il a prononcé à haute voix le nom du chien. L'effet a été surprenant : les oreilles se sont dressées, les yeux se sont tournés du côté

d'où venait l'appel ; comment nier, dans ce cas,
que cette tête isolée ait repris conscience, que l'appel ait été entendu et compris ? Et nous sommes
en droit de nous demander si, avec une circulation
artificielle imitant scrupuleusement, autant que
c'est possible, toutes les conditions de la circulation naturelle (au point de vue de la composition,
de la température, de la pression et de la vélocité
du sang circulant), on n'arriverait pas à rendre
au cerveau d'une tête amputée *toutes* ses fonctions
psychiques au grand complet. Ce serait là une
expérience idéale au point de vue scientifique ;
mais elle rencontre des difficultés d'exécution pratique, et d'ailleurs, qui oserait prendre sur soi de
mettre une tête isolée dans la situation atroce de
pouvoir reconnaître son isolement ? Pour ma part,
je l'avoue, l'expérience tentée sous cette forme
m'apparaît d'une telle cruauté que jamais je ne
me déciderai à l'entreprendre. Aux yeux d'un physiologiste, elle doit d'ailleurs apparaître comme
superflue : du moment que *quelques* réflexes se
rétablissent, et que des signes indubitables de
conscience réapparaissent, il n'y a aucune raison
de douter de la possibilité du rétablissement complet de *tous* les réflexes, y compris les réflexes
intercentraux, qui constituent la vie psychique.
Cependant, prévoyant les doutes qui pourraient
subsister dans l'esprit de quelques personnes

convaincues que la vie psychique est la manifestation d'une essence différente de celle du corps, j'ai cherché une méthode qui permette d'exécuter l'expérience en question d'une manière en même temps plus rapide, plus probante et moins cruelle que celles exposées plus haut. Cette méthode a consisté simplement à appliquer aux quatre artères de la tête des ligatures interceptant totalement le cours du sang, ce qui, pour les organes intéressés, revient à tous égards au même que la décapitation ; mais, au point de vue du rétablissement de la circulation, ce procédé offre tous les avantages correspondants aux desiderata de l'expérience idéale à laquelle je faisais allusion tout à l'heure : il suffit d'enlever les ligatures pour que le propre sang de l'animal, non défibriné, absolument inaltéré, ayant à peu près sa température normale, poussé par son propre cœur, pénètre de nouveau dans sa tête. C'est, en somme, la répétition, sur la tête, de l'expérience sur le train postérieur avec ligature de l'aorte abdominale dont nous avons parlé au commencement. Mais il y a une difficulté à vaincre : l'absence de circulation met hors d'activité non seulement les centres cérébraux supérieurs, ceux qui nous intéressent plus particulièrement dans cette expérience, mais aussi tous ceux qui ne reçoivent plus de sang : la moëlle allongée est dans ce cas ;

or, elle contient le centre respiratoire, celui dont dépendent les mouvements du diaphragme et du thorax, grâce auxquels s'effectue la ventilation pulmonaire ; sa mise hors d'activité équivaut à sa destruction, les mouvements respiratoires ne peuvent plus avoir lieu, et l'animal meurt rapidement d'asphyxie. Mais pour atteindre mon but, j'avais besoin de maintenir vivant le corps, virtuellement privé de tête ; il n'y a pour cela qu'un moyen : la *respiration artificielle*, c'est-à-dire l'insufflation rythmique d'air dans les poumons, par une canule fixée dans la trachée et au moyen d'un soufflet ; de plus, il était à prévoir qu'il faudrait continuer longtemps cette respiration artificielle ; mais, à la longue, elle exerce, à cause de ses conditions mécaniques, un effet nuisible sur la circulation et sur la température du corps. Dans l'inspiration normale, le thorax se dilate activement, il y a dans les poumons et dans toute la cavité thoracique une *diminution* de pression, qui appelle l'air du dehors et favorise l'afflux du sang aux poumons ; dans la respiration artificielle, c'est l'inverse : nous forçons le thorax de se dilater, en *augmentant* la pression intrapulmonaire qui, en même temps, enraie plus ou moins le courant sanguin, en comprimant les capillaires pulmonaires. De plus, l'air qui passe par les voies respiratoires normales arrive aux poumons plus ou moins réchauffé et chargé de vapeur d'eau, tandis que l'air directement insufflé dans les poumons leur arrive plus froid et plus sec, — deux conditions favorables à l'abaissement de la température du sang qui traverse les poumons et, par lui, de tout le reste ; or un abaissement trop considérable de la température intérieure d'un mammifère suffit à lui seul pour le tuer. Il n'était donc pas certain que je pourrais prolonger assez longtemps la respiration artificielle, et je n'y ai réussi, comme on verra, que grâce à un nouveau stratagème. Voici comment j'ai procédé :

Sur des animaux anesthésiés par l'éther, j'ai pratiqué la ligature des carotides et des vertébrales à la racine du cou ; aussitôt, les muqueuses de la tête devinrent extrêmement pâles, les paupières cessèrent de se fermer lorsqu'on touchait la conjonctive, et la respiration s'arrêta : le centre respiratoire, un des plus tenaces, était tué par l'anémie. Je commençai immédiatement la respiration artificielle ; je la réglai de façon à ce que le nombre des pulsations du cœur fût à peu près ce qu'il était chez l'animal sain. Bientôt la tête devint froide comme celle d'un cadavre ; les nerfs périphériques perdirent leur excitabilité ; seuls, les muscles de la face, excités directement par des secousses électriques, se contractaient encore partiellement. J'attendis que ce dernier vestige d'ex-

citabilité eût disparu à son tour, et à ce moment
(qui coïncide habituellement avec le début de la
rigidité cadavérique) j'enlevai les ligatures ; je dus
naturellement continuer la respiration artificielle
avec le plus grand soin. Deux des quatre animaux
opérés moururent au bout de quelques heures
avec un notable abaissement de température, sans
avoir donné d'autre signe de revivification qu'une
certaine excitabilité des muscles de la face ; la
cause de la mort était manifestement le refroidissement trop considérable du corps ; le lendemain
j'eus soin, pour éviter ce danger, de mettre le lapin
opéré dans une boîte en fer-blanc, maintenue à
une température un peu plus élevée que celle de
l'air ambiant ; il se rétablit plus vite et plus complètement ; le soir il respirait tout seul et fermait
lentement les yeux lorsqu'on touchait la cornée,
mais il ne faisait point de mouvements spontanés ;
il y avait donc dans ce cas un rétablissement, au
moins partiel, des fonctions réflexes de la substance grise de la moëlle allongée et de la base du
cerveau ; mais la respiration était faible et apparemment insuffisante, car, le lendemain matin, je
trouvai l'animal mort. Il me fallait une expérience
plus décisive, et je résolus de recommencer en
chauffant davantage la boîte en fer-blanc ; le succès
fut complet : au bout de plusieurs heures de respiration artificielle, après l'enlèvement des ligatu-

res, la respiration spontanée se rétablit, puis les réflexes oculaires ; une heure plus tard, le lapin essaya à plusieurs reprises de lever la tête ; ses mouvements devinrent plus énergiques et, après quelques tentatives infructueuses, il réussit à se lever ; sorti de la boîte et placé sur le plancher, il se mit à circuler dans le laboratoire ; à un moment donné, il se trouva, dans un coin de la salle, auprès de choux et de carottes destinés aux autres lapins ; il les flaira et se mit à manger comme un lapin normal. Il est vrai qu'il mourut deux jours après, à cause de la suppuration consécutive aux blessures du cou, mais cela ne concerne en rien la question qui nous occupe : le rétablissement de toutes les fonctions cérébrales, y compris les fonctions psychiques, avait été évident. Le résultat de cette expérience me parut tellement net et concluant que je jugeai inutile de la répéter ; il y a des expériences, à résultat positif, qu'il suffit d'avoir faites une seule fois ; celle-ci est de ce nombre. Je suis convaincu que si on pouvait la répéter sur un homme, elle donnerait exactement les mêmes résultats. On a, d'ailleurs, tenté quelques expériences semblables à celles dont nous avons parlé précédemment sur des têtes de criminels guillotinés ; mais on n'a jamais essayé de pousser le rétablissement des fonctions cérébrales au-delà des premiers signes d'excitabilité névro-musculaire.

Évidemment, ce qu'il y a dans tous ces faits d'essentiel, ce n'est pas la circulation du sang *en elle-même*; elle joue simplement le rôle d'un moyen de fournir aux tissus les substances de reconstitution dont ils ont besoin et de les débarrasser de leurs produits de décomposition ; c'est là l'essentiel ; il s'ensuit que nous devons pouvoir empêcher la mort d'un organe séparé de l'organisme, en le mettant dans des conditions où l'échange nutritif puisse s'effectuer en lui par *diffusion*, sans qu'il soit le siège, du moins au début et pour quelque temps, d'une vraie circulation du sang ; c'est, en effet, ce qu'on obtient au moyen des greffes animales. On sait avec quelle facilité les végétaux se laissent greffer ; mais chez les plantes l'individualité est beaucoup moins prononcée que chez les animaux ; elles sont plutôt un assemblage d'individus ; chaque bourgeon est presque un individu indépendant et contient en germe une nouvelle plante tout entière ; chez les animaux, l'individu forme un tout dont aucune partie ne saurait le reproduire ; on ne peut donc, en tous cas, espérer obtenir que la survivance d'un organe ou d'un membre transplanté ; on l'obtiendra d'autant plus facilement qu'il s'agira d'un animal moins élevé dans l'échelle zoologique. On a fait, sur les grenouilles, par exemple, des expériences de ce genre dont le succès a été facilité par le fait que, chez les animaux à sang froid, tous les phénomènes chimiques sont réduits au minimum et la nutrition est extrêment lente.

On a introduit dans la cavité abdominale d'une grenouille le muscle gastrocnémien d'une autre grenouille ; aucune circulation directe ne pouvait naturellement s'établir entre ce muscle et les parties avec lesquelles il se trouvait en contact ; il ne pouvait y avoir qu'un lent échange d'humeurs par diffusion ; néanmoins, au bout de deux mois, on a trouvé le muscle adhérent aux parois abdominales, il avait conservé ses dimensions, sa couleur, sa structure et son excitabilité : il se contractait sous l'influence de secousses électriques. D'autres fois, on a fait la même expérience avec la rate de jeunes grenouilles et, au bout du même temps à peu près, on a constaté qu'elle s'était parfaitement maintenue et qu'elle avait même augmenté de volume et de poids. Inutile de multiplier ces exemples.

Pour les animaux à sang chaud, à nutrition rapide, la chose est moins facile, mais non impossible ; le succès est d'autant plus certain que l'on s'adresse à des tissus d'ordre histologique moins élevé, à des tissus plutôt passifs, qui n'ont point de dégagement d'énergie à effectuer, tels que les os, les tendons, les ligaments, les cartilages et toutes les formations cornées.

C'est ainsi que Mantegazza, pendant son séjour
dans l'Amérique méridionale, a souvent rencontré
des vaches portant à l'une des oreilles un singu-
lier appendice qui ressemblait à s'y méprendre à
une corne supplémentaire ; il apprit que beaucoup
d'indigènes ont la coutume de greffer sur l'oreille
des jeunes veaux un éperon de coq, absolument
comme on greffe un bourgeon de telle ou telle
plante sur la tige d'une autre ; cet éperon, non
seulemennt continue à vivre, mais trouve apparemment dans son nouvel emplacement une nourriture plus abondante que dans sa situation normale, car il y acquiert des dimensions extraordinaires. Vers la fin du siècle passé, un médecin
du nom de Boronio, s'est attaché à obtenir un
grand nombre de greffes semblables ; il a choisi
la crète de coq comme terrain de préférence, parce
que c'est une région très irriguée, où l'organe
greffé a plus de chance qu'ailleurs de se mettre en
communication avec les vaisseaux sanguins. Parmi
les exemples les plus curieux qu'il décrit se trouvent les deux suivants : il a amputé et greffé ainsi
la queue d'un jeune chat ; cette queue prit parfaitement racine, pour ainsi dire, mais peu à peu elle
perdit ses poils, — sauf à la pointe, où il lui en
resta un petit pinceau. Il réussit de même avec
une aile de canari ; elle perdit peu à peu les plumes
longues, mais garda les petites qui conservèrent

leur couleur jaune caractéristique. Paul Bert, en France, s'est également occupé de telles expériences ; il a entre autres introduit dans le tissu cellulaire sous-cutané de rats adultes, de toutes petites pattes amputées à de jeunes rats, et, au bout de quelque temps, il les y a retrouvées, ayant acquis des dimensions beaucoup plus considérables. Des résultats analogues ont été obtenus avec des glandes, et le seul tissu qui ne se laisse absolument pas greffer, c'est le tissu nerveux, pour des raisons sur lesquelles je ne puis m'étendre ici.

La possibilité d'obtenir ainsi la survie d'un organe isolé, greffé en un autre point du même individu, quelquefois même à un individu d'une autre espèce, a été, dans ces dernières années, à plusieurs reprises utilisée comme *méthode* d'investigation et a réellement servi à trancher des questions qui, sans cela, eussent offert des difficultés inextricables. J'ai fait allusion, dans la causerie précédente, aux troubles aigus ou chroniques qui résultent, par exemple, de l'extirpation de la thyroïde ou du pancréas ; dans les deux cas on a soutenu que ces troubles ne provenaient pas de l'absence de la glande en question, mais de lésions collatérales et de leurs suites éloignées : la cachexie strumiprive fut attribuée à la lésion des nerfs qui passent dans le voisinage immédiat de la thyroïde (vague et sympathique). La cachexie diabétique fut attribuée au déséquilibre de la circulation abdominale, causé par l'énorme traumatisme qui accompagne nécessairement l'extirpation du pancréas ; bien qu'il y eût des preuves que l'absence de l'organe extirpé y était néanmoins pour quelque chose, la preuve définitive qu'elle était la *seule* cause des troubles qui résultent de l'extirpation n'a pourtant été donnée que grâce à la méthode des greffes. C'est ainsi qu'on a d'abord introduit dans le péritoine d'un chien la thyroïde d'un autre chien, et lorsqu'il a été probable que la greffe avait réussi, on a extirpé à ce chien sa propre thyroïde sans que la cachexie se produise ; pour le pancréas, le procédé est plus long mais plus sûr : on met à nu le pancréas et on en introduit la moitié dans le tissu cellulaire sous-cutané des parois abdominales, sans le séparer de l'autre moitié ; puis on ferme la plaie et on laisse guérir l'animal ; pendant ce temps, la moitié déplacée de l'organe a acquis des adhérences et est entrée en échange nutritif avec les tissus environnants ; on peut alors extirper l'autre moitié, restée dans l'abdomen, sans que l'animal devienne diabétique. On attend de nouveau qu'il soit complètement guéri et puis on extirpe la moitié de pancréas greffée sous la peau, sans ouvrir l'abdomen et sans troubler par conséquent en aucune façon la circulation abdominale ; l'animal devient alors diabétique, comme le deviennent ceux auxquels on extirpe tout le pancréas en une seule fois ; la cachexie diabétique est donc bien le résultat de l'absence du pancréas ou plutôt de l'absence dans le sang d'une substance que le pancréas doit lui fournir par sécrétion interne.

Ces succès de greffes expérimentales ont fait naître de grandes espérances au sujet de l'effet utile que l'on pourrait obtenir en médecine par des greffes pour ainsi dire thérapeutiques, qui seraient évidemment, si elles étaient possibles, un moyen infiniment plus efficace et plus durable que l'organo-thérapie, qui consiste à faire à l'individu des injections hypodermiques d'extraits de tel ou tel autre organe, ou à lui faire ingérer la substance de cet organe elle-même, toutes choses qui ne sont pas sans de graves inconvénients ; mais jusqu'à présent toutes ces espérances ont été déçues et la greffe animale n'a guère donné de résultats satisfaisants, au point de vue pratique, que pour les cas de transplantation de petits lambeaux de peau pour recouvrir d'un nouvel épiderme des régions dénudées sur une trop grande étendue, par des brûlures, par exemple.

Tous ces faits nous permettent encore de pénétrer plus avant dans le mécanisme de la nutrition ; il y longtemps qu'on se demande pourquoi certains tissus *extraient* du sang, de ce milieu nour-

ricier commun, *seulement* les matières dont ils
ont besoin, et on a cherché l'explication de ce fait
dans les conditions mécaniques locales de la circulation du sang : les réseaux capillaires sont différents dans les différents organes, la rapidité et la
pression du sang n'y sont pas les mêmes ; ces conditions influeraient sur la diffusion des constituants
du sang et régleraient dans chaque organe l'exos-
mose et l'endosmose, de façon à lui fournir précisément ce dont il a besoin. Les greffes végétales
auraient dû, dès le début, révéler l'insuffisance de
cette manière de voir, et les greffes animales la
démontrent : elles démontrent de plus que non
seulement les conditions mécaniques sont tout à
fait secondaires, mais, puisque l'on peut faire ces
transplantations d'une espèce à l'autre, que même
la composition du sang n'est pas un facteur décisif
pour la nutrition ; de même que mille espèces de
plantes végètent sur le même sol, parce que chacune d'elles en extrait et s'approprie les matériaux qui lui conviennent, de même le protoplasma de chaque espèce de cellules saisit au passage et s'assimile les substances qui doivent le
constituer. Il est clair que si la composition du
sang est défectueuse, au point de vue quanti-
tatif ou qualificatif, certains tissus ou l'organisme
tout entier peuvent en souffrir ; mais, en somme,
c'est la nature intime du protoplasma de chaque

unité histologique qui est le principal agent de la nutrition particulière de ces unités ; un tissu défectueux, languissant dans son activité, faible de naissance ou affaibli plus tard, négligé, surmené ou empoisonné, sera incapable d'utiliser convenablement les matériaux offerts par le meilleur des sangs ; les conséquences extrêmes auxquelles ces conditions peuvent conduire ressortent nettement des deux exemples suivants : un individu chétif de naissance, contrefait, bossu et phtisique, ayant par conséquent, presque tout l'organisme dans un état de faiblesse et même de maladie profonde, peut avoir un cerveau admirablement nourri et fonctionnant admirablement, il peut être un philosophe, un poète : tel fut Leopardi. A l'extrême opposé nous avons les microcéphales, les idiots, les crétins, qui peuvent avoir un squelette admirable et des muscles puissants. Entre deux, toutes les nuances possibles et imaginables ; n'empêche que l'ancien adage : « *mens sana in corpore sano* » ne soit habituellement vrai ; mais il serait plus conforme à nos connaissances actuelles de dire : « *mens sana in cerebro sano* ». Nous verrons plus tard qu'il ne faut cependant pas négliger l'inverse qui, jusqu'à un certain point, est également vrai : « *corpus sanum a mente sana.* »

III. FONCTIONS AUXILIAIRES

Nous avons suffisamment démontré cette partie de notre thèse d'après laquelle la nutrition est à la base de tous les phénomènes vitaux et la circulation du sang la principale fonction dont dépend la nutrition. Il nous reste à présent à démontrer que toutes les autres fonctions de la vie végétative ne sont réellement que des fonctions auxiliaires de la circulation du sang.

On sait que toutes les parties du corps reçoivent leur sang par les artères qui, elles, le reçoivent du cœur et précisément du ventricule gauche ; suivons à travers l'organisme les ondées de sang lancées dans l'aorte par les sistoles cardiaques. Elles pénètrent dans les ramifications artérielles de plus en plus petites, et enfin dans le réseau capillaire, au niveau duquel s'effectuent les échanges nutritifs avec les différents tissus. Le besoin le plus urgent pour tous les tissus vivants, c'est de recevoir de ce sang l'oxygène destiné à remplacer celui qui doit les quitter sous forme d'acide carbonique et de se débarrasser de celui-ci ; l'échange de ces deux gaz constitue la vraie respiration, la respiration *des tissus*. Quel que soit l'organe que le sang a traversé, il en sort appauvri en oxygène et chargé d'un excès d'acide carbonique ; si ce même sang devait continuer à circuler sans pouvoir, à son tour, se débarrasser de l'acide carbonique et se charger d'une nouvelle dose d'oxygène, il serait incapable de subvenir au besoin respiratoire des tissus ; ceux-ci seraient asphyxiés, ce serait la mort de l'individu. Il faut absolument que cet échange gazeux entre le sang et l'air atmosphérique puisse s'effectuer au plus tôt ; il faut qu'il y ait une vaste surface qui vienne en contact avec l'air et qui soit organisée de façon à permettre une rapide diffusion de l'acide carbonique du sang dans l'air, et de l'oxygène de l'air dans le sang ; cette surface est la surface intérieure des poumons ; la ventilation pulmonaire est obtenue par les mouvements respiratoires ; ces mouvements ne sont qu'un moyen mécanique d'obtenir le renouvellement de l'air contenu dans les poumons, et toute la respiration thoracique n'est pas autre chose qu'une fonction auxiliaire qui doit veiller au maintien de la proportion convenable d'oxygène et d'acide carbonique dans la masse sanguine. Cette proportion est rétablie dans le sang qui a pénétré dans les poumons et qui en sort pour revenir au ventricule gauche, qui le lance de nouveau dans l'arbre artériel. Pour ce qui concerne les besoins respiratoires des tissus, il peut ainsi continuer à les satisfaire indéfiniment.

Mais, à chaque organe que le sang traverse, il doit encore lui abandonner tous les constituants liquides et solides, organiques et inorganiques, qui doivent entrer dans la composition de cet organe, ou servir à former, par son intermédiaire, des substances à éliminer, — les sécrétions ; le sang artériel est le même pour tous les organes, mais le sang veineux qui les quitte diffère de composition selon l'organe irrigué, ne fût-ce que parce qu'il abandonne à chacun d'eux des matériaux différents ; mais il y a plus : chaque organe est le siège de phénomènes nutritifs qui lui sont propres et qui ne sont pas identiques à ceux des autres organes ; les produits de décomposition qui se forment en lui sont, eux aussi, nécessairement différents. Or, le sang doit non-seulement *irriguer* chaque organe, mais il doit aussi le *drainer*, c'est-à-dire en extraire et emmener avec lui ces produits de décomposition, — substances non-seulement inutiles, mais nuisibles et dangereuses. C'est ainsi que le sang s'appauvrit constamment en matériaux utiles et se charge constamment de substances dont il doit se débarrasser afin de pouvoir continuer à subvenir à la nutrition des tissus ; il faut absolument qu'il soit ramené à sa composition normale moyenne.

L'appauvrissement du sang est surtout rapide en ce qui concerne l'*eau* ; si on réfléchit un instant à la masse énorme d'eau — deux à trois litres environ — qui quitte dans les 24 heures le corps, par évaporation cutanée ou pulmonaire, ou avec la sécrétion rénale, et à ce qu'un homme du poids moyen de 70 kilos n'a guère plus de 5 litres de sang, on comprendra combien est rapide la diminution de la proportion voulue d'eau dans le sang et par suite dans les tissus eux-mêmes ; cette eau doit fréquemment être renouvelée, car son absence agit en premier lieu sur les éléments nerveux centraux et éveille chez l'individu cette sensation vague et indéterminée que chacun connaît sous le nom de soif et qui lui annonce que le moment est venu de diminuer la densité de son sang en ingérant une certaine quantité d'eau. S'il continuait à en être privé, la mort s'en suivrait à bref délai : on ne vit guère plus de trois ou quatre jours sans boire.

L'appauvrissement du sang en matériaux de reconstitution solides est beaucoup plus lent à se produire, la quantité de produits de décomposition éliminés étant relativement petite ; c'est le *carbone* qui s'en va avec l'acide carbonique expiré et sous quelques autres formes encore ; c'est l'*azote* qui s'en va avec la sécrétion rénale sous forme d'urée ; ce sont enfin quelques sels minéraux, dont nous pouvons ne pas tenir compte parce qu'il s'en trouve toujours assez dans l'eau et dans les aliments pour les remplacer. Lorsque les constituants organiques du sang commencent à y manquer, cette insuffisance agit, elle aussi, en premier lieu sur les centres nerveux ; elle met le cerveau dans un état qui, lui aussi, se révèle à l'individu par une de ces sensations vagues que l'on appelle aussi sensations ou besoins organiques, — la faim. Si l'individu ne veut pas succomber, il faut qu'il mange ; les aliments ingérés doivent être digérés ; les produits de la digestion (modifications chimiques des aliments) doivent être absorbés, c'est-à-dire passer de l'estomac ou de l'intestin dans le sang, et c'est ainsi que se trouvent rendues à ce dernier les substances qu'il avait cédées aux différents organes et la faculté de leur fournir de nouveau les matériaux nécessaires. La digestion, comme la respiration, n'est donc, en somme, qu'une fonction auxiliaire destinée à maintenir constante la composition du sang au point de vue de ses constituants solides.

Mais nous avons vu que le sang, en circulant, se charge d'une foule de produits de décomposition qui doivent en être éliminés. Aussi, pendant que la grande masse de sang continue à circuler dans l'organisme, une partie en est-elle constamment déviée et conduite à travers le rein dont la fonction consiste précisément à en extraire ces produits et à les déverser dans un récipient d'où ils sont expulsés au dehors.

Il est, je pense, suffisamment clair, à présent, que toutes les fonctions de la vie de nutrition n'ont qu'un but commun, celui de s'opposer à une modification trop grande de la composition du sang, de lui fournir constamment les substances utiles qui viennent à lui manquer et de le débarrasser constamment des substances inutiles ou nuisibles qui s'y accumulent. Nous ne pouvons pas entrer ici dans de plus amples détails ; aussi bien, mon but était seulement de rendre claire la thèse générale.

Tout l'échange nutritif dont nous venons de faire un rapide aperçu, constitue dans son ensemble ce qu'on peut appeler le *bilan matériel* de l'organisme, et c'est un bilan parfait dans les conditions normales ; c'est-à-dire que l'entrée est rigoureusement égale à la sortie. Il est clair que dans certaines conditions cette égalité est imparfaite ; pendant la croissance, par exemple, l'organisme accumule de la matière, et l'entrée est plus grande que la sortie ; au contraire, pendant qu'il est en train de maigrir ou qu'il consomme rapidement sa propre substance, dans la fièvre, par exemple, il perd de son poids et la dépense est plus grande que la recette. Mais, abstraction faite de ces cas particuliers, chez l'homme adulte et normal, le poids se maintient à peu près constant et alors il est certain qu'il ab-

sorbe autant qu'il élimine : il est en équilibre nutritif.

Nous savons exactement ce que notre corps reçoit ; ce sont toujours les éléments de l'air et de
l'eau combinés de mille façons à du carbone (sous
forme de substances organiques, dans lesquelles entrent de petites quantités d'autres éléments, tels
que le soufre, le phosphore, le fer, etc.), ainsi que
quelques sels minéraux. Seul l'oxygène est utilisé
tel quel, les autres éléments et la plupart des composés ne peuvent servir que combinés entre eux,
et cela, pour les substances organiques, sous forme
des trois grandes catégories de principes alimentaires : les corps azotés ou *albumineux*, les *hydra-
tes de carbone* (amidons et sucres) et les *graisses*.
Ces mêmes éléments, nous les retrouvons tous, et
exactement dans la même quantité, dans les produits de décomposition que l'organisme élimine ;
seulement, ils y sont autrement groupés : acide
carbonique, eau, et urée (en laissant de côté les
sels minéraux) ; l'urée elle-même, dès qu'elle est
expulsée de l'organisme, se décompose ultérieure-
ment en acide carbonique et ammoniaque. Tout
retourne ainsi au règne minéral.

Entre leur état initial et leur état final, pendant
que les aliments se trouvent dans l'organisme,
circulent avec le sang ou font partie intégrante des
tissus, ils subissent une longue série de modifica-

tions intermédiaires ; ces modifications nous sont,
il est vrai, en grande partie inconnues, mais cela
n'infirme en rien la réalité du bilan dont nous par-
lons, et dont il ressort que l'organisme ne *crée*
aucune substance et ne fait que *modifier* celles
qu'il a reçues sous une forme déterminée pour les
rendre finalement sous une autre forme.

V

BILAN DYNAMIQUE DE L'ORGANISME

L'organisme ingère avec les aliments une forte dose d'énergie potentielle, qui reste emmagasinée dans les substances organiques dont se composent les tissus ; ces substances se désagrègent continuellement, se dédoublent, s'oxydent et dégagent pendant ces processus, sous forme de chaleur, l'énergie latente qu'elles renfermaient ; une partie de cette chaleur est éventuellement transformée en travail mécanique (contractions musculaires, mouvements et actions de l'animal, sous le coup des impressions extérieures).

La sensibilité et la motilité constituent ensemble la vie de relation, la mise en rapport de l'organisme avec le monde extérieur : la sensibilité le renseigne sur ce qui se passe autour de lui ; la motilité lui permet d'exécuter les mouvements adaptés aux circonstances, c'est-à-dire, d'agir ou de se conduire conformément à l'ensemble des impressions incidentes et des sensations qu'il éprouve. Le lien entre les sensations et les mouvements est manifeste, c'est un lien de cause à effet : les mouvements sont provoqués et guidés par les sensations, autrement ils n'atteindraient que rarement et par hasard un but utile, et iraient souvent à fin contraire, comme c'est le cas, par exemple, dans les convulsions. Les sensations provoquent les mouvements et en règlent la forme, l'énergie et la durée, grâce à une disposition particulière du système nerveux. Il n'y a aucune communication directe entre les organes des sens, récepteurs des impressions extérieures, et les organes du mouvement, les muscles, restituteurs d'une partie de l'énergie ; mais ils sont, les uns et les autres, reliés, par l'intermédiaire des nerfs, aux centres nerveux. Les centres nerveux reçoivent les impulsions du dehors et y réagissent en déchargeant des impulsions motrices. Le mécanisme grâce auquel s'établit cette chaîne interrompue de phénomènes se provoquant les uns les autres, dont le premier terme est l'impression extérieure, et le dernier la contraction musculaire, est celui de *l'action réflexe :* les centres reçoivent le flot d'innervation sensitive et renvoient un flot d'innervation motrice, la modalité de ce dernier étant réglée par celle du premier.

L'action réflexe est la fonction au moyen de laquelle les centres nerveux dominent et dirigent l'activité de l'organisme tout entier et celle de chacune de ses parties ; pour la vie de relation elle est, comme la circulation pour la vie de nutrition, la fonction maîtresse. Mais avant d'en aborder l'étude, beaucoup plus compliquée que celle des phénomènes vitaux chimiques, nous devons avant tout examiner sommairement le fond sur lequel elle brode, pour ainsi dire : la transformation de force latente en force vive, c'est-à-dire, le dégagement de chaleur.

I. LA CHALEUR ANIMALE

L'expression : chaleur animale, est très mauvaise, insuffisante et apte à induire en erreur ; on devrait dire : *chaleur vitale*, car tout protoplasma vivant, animal ou végétal, est le siège de réactions chimiques exothermiques, c'est-à-dire accompagnées de dégagement de chaleur ; seule l'intensité de ces réactions varie chez les différents êtres vivants et, avec elle, la quantité de chaleur dégagée en un temps donné, ainsi que, naturellement, la température du corps. Chez les plantes, ces phénomènes sont réduits au minimum ; c'est pourquoi elles n'ont pas habituellement une température supérieure à la température moyenne du milieu ambiant ; cependant, à certains moments, lorsque l'activité vitale y est exagérée, on constate des températures relativement très élevées : dans les bourgeons en formation, dans les boutons sur le point de s'ouvrir ; dans les boutons de l'arum, un thermomètre implanté à travers la paroi extérieure indique 10, 12 et 15 degrés de plus que dans le milieu ambiant, à moins qu'il ne fasse trop chaud.

Chez tous les animaux il y a également production de chaleur, mais beaucoup d'entre eux sont trop petits pour qu'on puisse le constater directement ; chez d'autres, les phénomènes chimiques et la calorification correspondante sont trop insignifiants pour donner à leur corps une température supérieure à celle du milieu ambiant, à moins qu'il ne fasse très froid ; leur température oscille avec la température extérieure, monte ou s'abaisse avec elle à peu près comme pour les corps inertes ; on les appelle animaux *à sang froid*. Chez d'autres, l'intensité des réactions chimiques et, par conséquent, le dégagement de chaleur, sont tellement considérables, que leur température propre se trouve constamment d'un certain nombre de degrés supérieure à celle du milieu ambiant, du moins dans nos climats tempérés ; on les appelle aminaux *à sang chaud*. Ces deux dénominations sont également fausses : les animaux à sang froid ne sont pas toujours plus froids que le milieu ambiant, et quelquefois beaucoup plus chauds. Chez un boa en train de couver ses œufs, au Jardin des Plantes, à Paris, on a trouvé 40° centigrades ; c'est là une température égale ou supérieure à celle des animaux à sang chaud à l'état normal ; chez les poissons et surtout chez les reptiles, on trouve souvent quelques degrés de plus que l'eau ou l'air dans lesquels ils séjournent ; seuls, les batraciens font exception quand ils se trouvent dans l'air : leur peau étant constamment humide, toute leur surface est le siège d'une évaporation d'autant plus rapide qu'il fait plus chaud, et c'est là ce qui rafraîchit leur corps. D'autre part, les animaux à sang chaud ne sont pas toujours plus chauds que le milieu ambiant ; leur température normale varie entre 37 et 39° pour les mammifères, 39 et 40° pour les oiseaux, de sorte que, sans parler des tropiques, où l'on observe 50° et plus, il arrive souvent, même dans nos régions tempérées, pendant la saison chaude, que la température extérieure est souvent égale ou supérieure, quelquefois de plusieurs degrés, à celle de ces animaux ; faut-il alors envisager les animaux à sang chaud comme étant des animaux à sang froid ? On voit que cette distinction ne repose sur rien, ou sur des constatations tout à fait superficielles.

Ce qui caractérise les différents animaux au point de vue thermique, c'est, d'abord, que chez les uns le dégagement de chaleur est tellement insignifiant qu'il ne peut point ou à peine contrebalancer un abaissement de la température extérieure ; ensuite, que le mécanisme de défense contre une chaleur extérieure excessive, dont nous avons parlé dans notre deuxième causerie, n'existe pas ou est absolument insuffisant chez eux ; c'est justement pourquoi ils n'ont pour ainsi dire pas de température propre et suivent les oscillations de la température extérieure, *ils sont des animaux à température variable*. Chez les autres, non-seulement la quantité de chaleur dégagée en un temps donné est beaucoup plus grande, mais le mécanisme de résistance fonctionne chez eux, comme nous l'avons vu, de façon à contrebalancer complètement les changements, quelquefois considérables, de la température extérieure, à moins que l'écart en plus ou en moins ne soit excessif ou trop prolongé. Il s'ensuit que chez tous ces animaux, pour chaque espèce, ce mécanisme réussit à maintenir à peu près constante la température propre à cette espèce ; les mammifères et les oiseaux, seuls animaux qui supportent le froid de l'hiver, même dans les régions septentrionales, conservent, grâce à ces conditions, leur température propre de 37, 38 ou 39 degrés, de même que ceux qui habitent des pays où la température s'élève pendant la saison chaude, à 40, 45 et 50 degrés. Ce qui caractérise ces animaux, c'est donc la constance de leur température, *ils sont des animaux à température constante.*

Il ne faut pourtant pas croire que la température de chaque individu soit absolument invariable; la moyenne normale de l'espèce humaine est de 37°, mais elle subit de petites oscillations dans différentes circonstances. Au moment de la naissance, la température de l'enfant est plus élevée que celle de sa mère; il était protégé contre la perte de chaleur par contact et par irradiation; dès la naissance, sa température s'abaisse: il est maintenant dans un milieu moins chaud et qui permet la déperdition; au bout de 3 ou 4 minutes il n'a guère que 36°, puis 35,5° ou même 35°, et se maintient à ce degré pendant trois ou quatre heures malgré les couvertures dont on l'enveloppe; puis sa température remonte peu à peu. Si on fait passer le nouveau-né dans une chambre plus froide, sa température s'abaisse immédiatement; il paraît que chez lui le mécanisme régulateur ne fonctionne pas encore convenablement. Une fois que sa température a atteint 37°, elle s'y maintient pendant toute la vie, sauf, bien entendu, dans des conditions exceptionnelles ou pathologiques. Mais ce chiffre n'est lui-même qu'une moyenne et subit des oscillations régulières et irrégulières ; il y a tous les jours un minimum dans les premières heures du matin et un maximum vers le soir, sans qu'on ait pu déceler jusqu'à présent les causes de cette oscillation. Des températures de 36° le matin et 38° le soir n'excluent nullement un état parfaitement normal. De très légères oscillations irrégulières dépendent d'influences soit extérieures soit intérieures : l'activité musculaire, de même que le travail intellectuel, peuvent faire monter la température d'un degré et même de deux, mais ces écarts sont vite masqués par le mécanisme régulateur ; aussi ne peut-on quelquefois s'apercevoir d'une production augmentée de chaleur qu'en la constatant indirectement grâce au dosage de l'acide carbonique exhalé ; c'est ainsi qu'un expérimentateur anglais a trouvé, en déterminant la quantité d'acide carbonique qu'il exhalait par minute, les chiffres suivants :

pendant le sommeil	0,32 gr.
éveillé, mais tranquillement assis	0,65 »
debout et marchant lentement	1,15 »
marchant vite	1,65 »

et ainsi de suite.

On peut expérimentalement exagérer énormément le travail musculaire et constater alors des changements beaucoup plus considérables de la température. Richet prend un chien normal, déter-

mine sa température normale, qui est d'environ 39°,
et commence à lui électriser la moëlle épinière,
ce qui produit de violentes contractions généra-
lisées ; au bout de cinq minutes, la température a
monté de 1,2 ; dix minutes plus tard, elle a monté
de 2,6 ; encore dix minutes plus tard, de 3,6 ; elle
a donc en somme été élevée d'environ 4° en 25
minutes. Il faut observer que le chien, comme la
plupart des carnivores, n'a presque point de glandes sudoripares et se trouve par là privé de l'un
des grands mécanismes de résistance contre une
température croissante ; il y résiste tant bien que
mal en augmentant la ventilation pulmonaire ; c'est
pour cela que lorsqu'il fait chaud, il a une respiration rapide et haletante. On a objecté aux expériences de Richet que la tétanisation de la moëlle
épinière produit en même temps une forte excitation des nerfs vaso-constricteurs, surtout cutanés,
ce qui doit diminuer la déperdition de la chaleur
par la surface du corps et que cette circonstance
entraînait la rétention d'une partie de la chaleur
produite, de sorte que l'augmentation de la température ne serait due qu'en partie à l'échauffement
des muscles actifs. Richet a victorieusement répondu à cette objection en faisant observer d'abord
que, si la tétanisation produit au commencement
la vaso-constriction, celle-ci se dissipe peu à peu
et se transforme bientôt en vaso-dilatation, qui

doit au contraire augmenter les pertes de chaleur. Et puis il s'est attaché à mesurer directement la quantité de chaleur dégagée par l'animal pendant l'expérience ; cette quantité s'est trouvée plus forte qu'au repos. Ainsi, il a placé des lapins normaux et de poids égal dans un calorimètre ; le résultat a été que si l'on représente par 100 la chaleur dégagée en un temps donné par le lapin laissé au repos, celle qu'ont fournie dans le même temps les mêmes animaux tétanisés, a été en moyenne de 124. Donc, l'augmentation de la température des animaux n'était pas au-dessus, mais bien au-dessous du degré auquel pouvait la porter le travail musculaire à lui seul ; il est vrai que dans ces expériences le travail musculaire est porté au maximum tout en ne fournissant qu'un minimum négligeable de travail mécanique, puisque l'animal tétanisé est à peu près immobile.

Le travail psychique peut aussi élever la température du corps ; c'est à l'augmentation du chimisme cérébral qu'il faut attribuer ce fait ; le sang circulant dans cet organe distribue le surcroît de chaleur qu'il y puise dans le reste du corps. Un orateur anglais a constaté qu'après un effort d'attention soutenue pendant quelques heures, sa température augmentait de 0,5 ; l'allemand Speck a trouvé qu'un travail intellectuel intense élevait sa température de 0,2 ; Rumpf a trouvé sur lui-même

37,7 pendant un effort intellectuel, en silence, la nuit, aux approches du minimum nocturne ; Gley, de Paris, a fait sur lui-même des observations semblables.

Pour maintenir le corps à 37° dans un milieu habituellement beaucoup moins chaud, il faut qu'il s'y produise une quantité de chaleur suffisante pour contrebalancer les pertes incessantes par les immenses surfaces cutanée et pulmonaire et les dépenses, sous forme de travail mécanique ; où se produit cette chaleur ? Les Anciens croyaient que la source en était dans le cœur et qu'elle se répandait de là au reste du corps ; depuis la découverte de Lavoisier, qui a constaté l'absorption d'oxygène et l'exhalation d'acide carbonique par es poumons, on s'est imaginé que la combustion avait lieu dans ces organes ; plus tard, ayant constaté qu'un organe est plus ou moins chaud selon qu'il reçoit plus ou moins de sang, on a cru que la combinaison de l'oxygène et du carbone avait lieu dans le sang, et on alléguait à l'appui le fait qu'au sortir d'un organe le sang veineux contient moins d'oxygène et plus d'acide carbonique qu'à son arrivée comme sang artériel ; le phénomène aurait donc lieu surtout au niveau des capillaires. Matteucci a montré enfin que, si on prend différentes parties du corps, muscles ou viscères d'un animal qui vient de mourir, ces parties exsangues continuent à absorber de l'oxygène et à dégager de l'acide carbonique ; le phénomène en question avait donc lieu dans les tissus eux-mêmes. D'autres expériences ont permis de constater de plus qu'il n'est nullement question d'une simple combustion, c'est-à-dire d'une combinaison directe de l'oxygène avec le carbone des substances organiques constituantes des tissus, mais de phénomènes de dédoublement analogues à la fermentation ; l'absorption de l'oxygène et l'exhalation d'acide carbonique, toutes deux également indispensables et également incessantes, sont sans doute liées l'une à l'autre et néanmoins indépendantes. Ainsi, des animaux tels que des escargots ou des grenouilles placés dans une atmosphère d'azote ou d'hydrogène pur, continuent pendant longtemps à vivre et à exhaler de l'acide carbonique ; la chose n'est impossible chez les animaux à sang chaud qu'à cause de la rapidité des phénomènes chimiques qui se passent en eux. On a fait circuler dans des organes isolés le liquide qu'on appelle sérum artificiel, c'est-à-dire une dissolution très diluée de sel de cuisine (qui a l'avantage de ne point exciter et de n'altérer en aucune façon les tissus) ; on a constaté que le liquide sortant de l'organe contenait de l'acide carbonique ; le sérum artificiel ne pouvait pourtant pas lui fournir le moindre atome d'oxygène. Enfin, on a pratiqué à des gre-

nouilles une injection intraveineuse de ce même
sérum jusqu'à rincer leur système vasculaire de
façon qu'il ne contienne plus une trace de sang ;
ces grenouilles exsangues, que l'on appelle en
langage physiologique des grenouilles salées, vivent pendant quelque temps et continuent à exhaler de l'acide carbonique ; cependant, afin que
cette dernière expérience soit décisive, il faudrait
encore les placer dans une atmosphère d'azote ou
d'hydrogène, pour éviter le soupçon que la respiration cutanée, si développée chez les batraciens,
ait pu leur fournir de l'oxygène ; à vrai dire, cela
n'est guère probable, puisque c'est l'hémoglobine
des corpuscules rouges du sang qui possède la propriété de fixer l'oxygène avec la même facilité
avec laquelle elle le cède ensuite aux tissus.

En somme, il résulte de ces faits, d'abord, que
les phénomènes chimiques auxquels est dû le dégagement de chaleur se passent dans les tissus
eux-mêmes, — sans exclure le sang qui est, lui
aussi, un tissu à substance intercellulaire liquide ;
ensuite, que ces phénomènes, loin d'être une
combustion directe, sont d'ordre fermentatif ; les
substances organiques se scindent de façon à fournir de l'acide carbonique, et l'oxygène qui s'en va
avec le carbone n'est pas celui qui vient d'être
absorbé ; enfin, que l'oxygène absorbé est indispensable à la reconstitution des substances en train

de se décomposer, il participe à leur restauration et ce n'est que plus tard qu'il en est éliminé sous forme d'acide carbonique.

Donc, tous les tissus dégagent de la chaleur; mais cela n'est pas à dire qu'ils en produisent tous la même quantité ; il est évidemment impossible de mesurer cette quantité pour chaque tissu directement au moyen de la calorimétrie, mais comme une quantité fixe de chaleur correspond à l'acide carbonique formé, on peut s'en rendre compte indirectement en dosant ce produit de décomposition. On prend un poids donné, un kilogramme par exemple de muscle, de cerveau, de foie, et on détermine l'acide carbonique qu'il dégage en un temps donné, en une heure, par exemple ; on obtient ainsi une mesure approximative au sujet de son activité chimique. Les chiffres fournis par les différents tissus sont très dissemblables. Le muscle donne dans ces conditions beaucoup plus de CO_2 que tous les autres tissus ; seul, le cerveau s'en rapproche. Or, le tissu musculaire forme à peu près la moitié du poids du corps, de sorte que, même si tous les tissus étaient le siège d'une activité chimique *égale*, nous devrions attribuer au muscle à peu près la moitié de la chaleur totale qui se dégage en nous ; mais comme les autres tissus en produisent beaucoup moins, le tissu musculaire en fournit une proportion beaucoup plus forte ; en réalité, plus des trois quarts (77 %).

Quant à savoir quelle est la quantité totale de chaleur que dégage un animal ou un homme en un temps donné, il faut s'adresser à la méthode *calorimétrique*. Cette méthode nous enseigne d'abord que plus un animal est petit, plus aussi il doit produire de chaleur pour se maintenir à sa température normale ; les pertes de chaleur dépendent, en effet, de la surface d'un corps et non de son volume. Or, les surfaces ne croissent pas proportionnellement au volume : si nous avons huit petits cubes d'un centimètre de côté, ils auront à eux tous 48 cm² de surface ; mais si nous les réunissons en un seul cube ayant 2 cm. de côté, les surfaces qui se toucheront seront supprimées et le gros cube n'aura que 24 cm² de surface.

Ainsi, si on prend des lapins pesant 500 gr., on trouve qu'ils dégagent environ 7000 calories par heure et par kg. (il s'agit de microcalories, c'est-à-dire de la quantité de chaleur nécessaire pour élever de 1 degré la température de 1 gramme d'eau) ; si on prend des lapins pesant de 2 à 3 kg., on constate qu'ils dégagent de 4730 à 3320 calories. Il en est de même pour des animaux d'espèces différentes et de poids différents. C'est ainsi qu'un chat de 1,700 kg. dégage, par heure et par kg. 4500 calories, tandis qu'un chat de 3 kg. en dégage 3300 ; un chien de 1,500 kg., 5800, et un chien de 10 kg., 3200 ; un pigeon de 300 gr., 10 500 ; et un moineau de 20 gr., 36 000.

Pour l'homme on peut admettre, pour un poids de 70 kg., une moyenne de 2000 microcalories par heure et par kg., ce qui représente pour les 24 heures et les 70 kg., une somme de 3360 macrocalories (quantité de chaleur suffisante pour élever de 1 degré la température d'un litre d'eau).

Cette chaleur est dépensée de la façon suivante : 12 à 15 % pour réchauffer les aliments et les boissons supposés ingérés à 12 degrés ; 3 à 5 % pour réchauffer l'air inspiré, s'il est sensiblement plus froid que le corps ; 20 à 25 % pour l'évaporation cutanée et pulmonaire ; cela fait une somme de 30 à 35 % de la quantité totale ; tout le reste, c'est-à-dire 65 à 70 % sert à maintenir la température moyenne du corps, en faisant équilibre aux pertes par contact et par irradiation, et à fournir le travail mécanique intérieur et extérieur effectué par les contractions musculaires. Tous ces chiffres évidemment ne peuvent être qu'approximatifs et sont très variables : les aliments et les boissons peuvent être très froids ou très chauds, l'air inspiré également ; les calories consommées pour l'évaporation et pour les pertes dépendent entièrement de la température extérieure ; quant au travail musculaire, il est naturellement très variable : maximum pendant un effort considérable, minimum pendant le sommeil, mais jamais il n'est réduit à zéro, parce que la circulation du sang et la respiration continuent nuit et jour.

Nous pouvons exprimer d'une toute autre manière les données et les considérations qui précèdent.

On sait qu'il y a entre la chaleur et le travail mécanique un rapport constant que l'on appelle équivalent thermodynamique ; ce rapport est tel qu'une macrocalorie entièrement transformée en travail mécanique fournit 425 unités de travail, c'est-à-dire 425 kilogrammètres ; en d'autres termes, l'énergie fournie par une calorie suffit pour soulever 1 kg. à 425 mètres de hauteur, ou 425 kg à 1 mètre de hauteur. Si donc un homme dégage en 24 heures 3000 calories, il produit une énergie de quoi accomplir 1,275,000 kilogrammètres ; une partie de cette énergie est constamment transformée en travail mécanique : le cœur bat 70 à 80 fois par minute, c'est-à-dire environ 100,000 fois en 24 heures ; or, le travail du cœur représente environ 1 kilogrammètre par pulsation ; nous avons donc pour la circulation du sang une consommation constante de ce taux de travail mécanique ; les muscles respiratoires se contractent 17 à 18 fois par minute, soit environ 24,000 fois en 24 heures ; leur travail correspond à environ 10,000 kilogrammètres ; de plus, il y a les mouvements de l'intestin, etc., dont il est difficile d'évaluer les kilogrammètres correspondants. Restent 1,165,000 kilogrammètres disponibles ; ils sont employés à fournir éventuellement le travail mécanique extérieur ; ainsi, lorsqu'un homme de 70 kg. monte un escalier de 10 mètres, il effectue 700 kilogrammètres de travail ; s'il monte au haut d'une tour de 100 mètres, il en effectue 7000, et s'il gravit une montagne de 1000 mètres, 70,000. Pour avoir le nombre de calories ainsi dépensées, il faut diviser ces chiffres par 425 ; le quotient est bien petit en comparaison du nombre total des calories produites. Si, de ce nombre, nous soustrayons encore celles qui sont consommées pour l'évaporation cutanée et pulmonaire, ce sera toujours bien peu de chose en comparaison avec la somme totale d'énergie disponible, de sorte que la portion de beaucoup la plus grande de cette énergie n'étant jamais employée, ni pour le travail mécanique ni pour l'évaporation, se manifeste comme chaleur et c'est précisément cette chaleur qui sert à compenser les pertes par contact et par irradiation et à maintenir le corps à sa température moyenne de 37°.

Ces données expliquent un grand nombre de faits intéressants et importants.

Les peuples du Nord mangent beaucoup plus que ceux du Midi ; dans le même climat on a besoin d'une nourriture plus abondante en hiver

qu'en été ; les enfants mangent relativement plus
que les adultes ; les petits animaux beaucoup plus
que les gros ; tout cela pour la même raison : plus
il fait froid, plus le milieu ambiant soustrait de
chaleur au corps, plus aussi le corps a besoin de
combustible pour que sa température intérieure
ne vienne pas à s'abaisser ; la surface de deux corps
de forme semblable étant relativement d'autant
plus grande que la masse est plus petite, la déperdition est plus considérable chez les enfants
que chez les adultes, chez les petits animaux que
chez les gros, et il leur faut plus de combustible
pour la tenir en échec. Un animal privé de combustible, c'est-à-dire de nourriture, périt d'autant
plus vite qu'il est plus petit, que la température
est plus basse et qu'il se tient moins tranquille.

Tel est le fond de l'échange dynamique entre
l'organisme et le monde extérieur, fond sur lequel la vie de relation prend ce dont elle a besoin
pour effectuer les mouvements requis par les circonstances.

II. TRAVAIL MUSCULAIRE

Nous avons dit qu'une partie de la chaleur produite est employée à fournir le travail mécanique
de l'organisme ; celui-ci serait, en d'autres termes,

comparable dans ses mouvements à un moteur à caloriques. Or, du moment que l'équivalent thermique du travail accompli est pris sur les calories disponibles, et qu'une partie de celles-ci disparaît nécessairement, il semblerait que le moteur accomplissant un travail positif devrait se refroidir; mais ceci ne saurait être vrai qu'à la condition que le nombre de calories produites en un temps donné reste invariable; c'est là une circonstance qu'on oublie totalement lorsqu'on envisage l'organisme comme machine motrice et qu'on refuse d'admettre qu'elle est un moteur à calorique *parce qu'elle s'échauffe quand elle travaille.* Une locomotive prête à marcher n'est-elle pas plus chaude que lorsqu'elle est à la remise, et une locomotive marchant vite n'est-elle pas plus chaude qu'une autre marchant lentement, pour la simple raison que jamais toute la chaleur dégagée par le combustible n'est transformée en travail et qu'un surcroît de travail exige un énorme surchauffage? L'échauffement n'est en aucune façon une preuve qu'il n'y ait point de consommation de chaleur : il peut être la somme algébrique d'un surcroît de chaleur fournie *plus* la chaleur consommée pendant le même temps, pourvu que la production dépasse la consommation. C'est là précisément ce qui arrive aussi dans la machine vivante, du moins dans la très grande majorité des cas.

On a essayé beaucoup d'expériences à cet égard
dans l'espérance de pouvoir constater un abaissement de la température du corps pendant l'accomplissement d'un travail extérieur positif très intense, tel, par exemple, que la rapide ascension
d'une montagne, pendant laquelle l'homme soulève
le poids de son corps, en un temps relativement
court, à une hauteur considérable. Ces expériences
ne pouvaient pas conduire à grand'chose, à cause
du mécanisme régulateur qui s'oppose constamment à un changement quelconque de la température intérieure.

Nous rencontrons ici en premier lieu les ascensions expérimentales du Mont-Blanc, exécutées
par Marcet, de Genève et Lortet, de Lyon, avec observation continuelle de leur température, au moyen
d'un thermomètre qu'ils tenaient dans la bouche
et muni d'un petit miroir qui permettait de lire à
chaque instant les moindres déviations de la colonne mercurielle; on se représente aisément combien de telles ascensions à bouche fermée devaient
être pénibles. Ils ont d'abord constaté qu'à des al-
titudes variant entre 1000 et 4000 mètres, et au
repos, la température intérieure est un peu plus
basse qu'à la plaine, mais ne descend guère qu'à
36°; ensuite ils ont constaté que pendant l'acte de
l'ascension, elle tend constamment à s'abaisser;
lorsque l'ascension est pénible, elle descend jus-

qu'à 35° et même 34°.5, mais à ces derniers chiffres on commence à avoir le mal de montagne, et l'on n'est plus à l'état normal ; avant d'en arriver à cet état, elle n'accuse qu'une tendance à l'abaissement, mais cette tendance disparaît dès qu'on s'arrête ou même lorsqu'on ne fait que ralentir la marche. Ces deux savants croient pouvoir conclure de leurs observations que le léger abaissement de température qu'ils ont observé est l'effet de la consommation d'une partie de leur chaleur propre pour l'accomplissement du travail. Chose curieuse : on sait que, lorsqu'une machine accomplit un travail *négatif*, c'est-à-dire lorsqu'elle enraie, arrête ou ralentit la chute d'un poids, elle accumule de la chaleur au lieu d'en dépenser, et cela, exactement dans la proportion de l'équivalent thermodynamique : le travail de la chute est retransformé en chaleur et doit rendre exactement le nombre de calories qui ont été dépensées pour la montée. Eh bien ! Lortet et Marcet ne parlent pas, dans leur travail, d'observations faites pendant *la descente*, alors que le travail musculaire n'a d'autre but que celui d'enrayer constamment la chute du corps. Il eût été intéressant cependant de voir si, pendant ce travail négatif, il y avait oui ou non tendance à une *élévation* de leur température, comme il y avait tendance à l'abaissement pendant l'ascension.

F.-A. Forel a fait une longue série d'observations semblables, avec une méthode thermométrique perfectionnée, mais non exempte de tout inconvénient ; il a constaté que pendant le travail, montée ou descente, la température de son corps augmentait toujours plus ou moins ; et comme ses prédécesseurs avaient constaté que lorsqu'ils entreprenaient leurs ascensions à jeun, la tendance à l'abaissement s'accentuait, Forel s'est astreint à un jeûne de vingt-quatre heures avant de commencer l'expérience, et a néanmoins vu sa température s'élever ; bien plus : pensant que peut-être l'état de fatigue ferait ressortir l'abaissement cherché, il a répété ses expériences en ajoutant au jeûne précédent la fatigue très considérable d'une nuit blanche, tout entière passée à danser ; il partait directement du bal ; et toujours sa température s'est élevée. On voit combien de telles observations renferment de sources d'erreur, les unes extérieures, les autres intérieures : fraîcheur, ventilation et dépression croissantes sur la montagne, mécanisme de résistance plus ou moins actif, entraînement, état de la nutrition, de jeûne ou de digestion, etc.

Il y a cependant quelques expériences semblables qui, bien que pratiquées sur une échelle infiniment plus petite, ce qui a précisément l'avantage d'exclure une partie des sources d'erreur, ont

donné quelques indications précises d'un léger
abaissement de la température intérieure *au début*
d'un travail positif. Marc Dufour relate dans sa
thèse celles qu'il a faites. Il plaçait la boule du thermomètre dans le creux de l'aisselle, il enveloppait
toute l'épaule et tout le côté correspondant du thorax d'une épaisse couche d'ouate et de nombreuses bandes de flanelle, à travers lesquelles sortait
la tige du thermomètre très sensible ; il observait
d'abord le niveau exact auquel s'arrêtait le mercure au repos, il faisait ensuite rapidement l'ascension d'un escalier représentant un dénivellement
de 17 mètres ; il a observé que pendant la montée
le thermomètre descendait régulièrement de 0,1 à
0,2° ; il a fait également une série de descentes ;
celles-ci n'ont jamais produit d'abaissement de
température, mais pas d'élévation non plus. Il a
vu en outre qu'après la montée, il y a une élévation de 0,2 à 0,3 au-dessus de la température initiale, et que, après la descente, cette augmentation est encore plus marquée. Dufour pense que
s'il avait eu à sa disposition une rampe beaucoup
plus longue, il aurait obtenu un abaissement beaucoup plus considérable ; mes expériences prouvent
le contraire.

En 1883, j'avais comme domestique de laboratoire un homme muni de fistule stomacale (opéré
pour cause de stricture cicatricielle de l'œsophage),

et, en même temps, un gros chien ayant subi la
même opération. Je pouvais introduire le thermomètre dans l'estomac de l'un et de l'autre, le fixer
dans la canule et observer pendant l'ascension les
déplacements du mercure. Le chien était conduit
au bas d'une montée assez rapide d'une cinquantaine de mètres de dénivellement; après avoir
constaté sa température au repos, nous courions
rapidement jusqu'au haut de la montée; au mot
de halte, mon assistant saisissait le chien par les
pattes de devant et le dressait debout, tandis qu'au
même instant j'observais le thermomètre. J'ai vu
des abaissements de 0,8 à 0,9; mais je n'attache
pas trop d'importance à ces expériences, car le
chien ouvrait largement la gueule, haletait et ava-
lait souvent la salive refroidie par cette ventilation exagérée de la bouche. L'occlusion œsopha-
gienne de mon homme à fistule supprimait cette
source d'erreur; avec lui, après un stationnement
prolongé au bas de l'escalier conduisant de la
place de la Palud à la Cathédrale et représentant
aussi une cinquantaine de mètres de dénivellement, nous montions rapidement cet escalier, et
j'avais prévu la possibilité d'y ajouter encore 50
mètres en continuant directement jusqu'au haut
du clocher, supplément que les premières expériences rendirent inutile; voici, en effet, quels furent leurs résultats : la température de repos chez

mon homme à jeun une fois sûrement constatée, on exécutait la montée aussi rapidement que possible ; il y eut régulièrement un abaissement de 1, de 2, de 3 et quelquefois même de 4 dizièmes de degré. Mais cet abaissement était tout à fait passager, se manifestant dès le début de l'ascension et disparaissant bientôt tout à fait pour être remplacé, à partir de la moitié de la montée environ, par un échauffement plus ou moins considérable. Quelques expériences ont été faites après le déjeûner du sujet ou, chose qu'il goûtait bien davantage, après l'ingestion, par la fistule, d'un petit verre de liqueur ; dans ces cas, nous n'avons pas observé d'abaissement.

Il y a donc réellement une légère diminution de température au moment où la machine vivante passe du repos à un travail positif à valeur $P \times H$ très considérable : les phénomènes chimiques en train de se dérouler ne suffisent pas à l'instant même pour dégager une quantité de chaleur suffisante pour couvrir le déficit correspondant au travail ; mais immédiatement les combustions sont augmentées, la machine vivante se surchauffe, la diminution de température est remplacée par une augmentation, — très légère grâce à l'intervention du mécanisme de résistance. [1]

[1] Je ne m'arrêterai pas aux recherches de Hirn, qui a voulu résoudre le problème au moyen de la méthode calorimétrique

Béclard a entrepris des expériences semblables à celles de Dufour, mais en ne faisant travailler que le biceps brachial, dont il mesurait la température à travers la peau, au moyen d'un thermomètre extrêmement sensible, fixé au bras par des bandes d'ouate et de flanelle ; il lui a fallu quelquefois deux ou trois heures, et même quatre, avant que le thermomètre se fixât de façon à permettre la lecture de petites variations correspondant au travail, sans risquer d'être induit en erreur par des oscillations spontanées, c'est-à-dire dues à d'autres causes. Il s'agissait de voir quelle serait l'influence sur ce thermomètre, d'un travail positif ou d'un travail négatif du biceps. Voici comment il s'y est pris : le bras étant étendu le long du corps, un assistant place un poids dans la main de l'expérimentateur ; celui-ci commence alors à fléchir le bras pendant cinq secondes, de façon à soulever le poids à une hauteur toujours la même. Arrivé à cette hauteur, l'assistant enlève le poids et l'expé-

qui l'a conduit à un résultat paradoxal, dû sans doute à la complexité et à la difficulté de sa méthode. Il a trouvé que, au repos, chaque gramme d'oxygène absorbé correspond à 5,22 calories ; il admet que ce rapport se maintient pendant le travail ; pour savoir s'il y a déficit de calories pendant le travail positif, ou bénéfice pendant le travail négatif, il n'a qu'à multiplier par 5,22 les grammes d'O absorbé ; il constate ainsi, pendant le travail positif, un déficit énorme, tout à fait disproportionné avec le travail accompli ; pour le travail négatif, il ne constate ni déficit *ni bénéfice*, mais à peu près exactement le chiffre prévu. Il y a là, évidemment, une source d'erreur, restée inconnue.

rimentateur laisse redescendre le bras à vide ; un certain nombre de mouvements semblables représente un travail positif, puisque le muscle n'a fait que soulever le poids et n'a pas eu à en enrayer la descente. Béclard a trouvé de cette manière que le thermomètre indiquait toujours un certain échauffement. — Les séries inverses ont consisté à fléchir le bras à vide, à recevoir le poids en haut et à le laisser descendre lentement pendant cinq secondes jusqu'au point de départ de la première série : c'était donc un travail négatif et le thermomètre indiquait en effet un échauffement *plus considérable*. — Qu'est ce qui devait arriver si, au lieu de faire des séries de montées ou de descentes, chacune durant cinq secondes et à intervalles réguliers, on *maintenait* le bras fléchi à mi-chemin avec le poids dans la main et en faisant juste l'effort nécessaire pour que le poids ne monte ni ne descende ? Dans ce cas, le poids étant immobile, il n'y a point de travail *mécanique*, tandis que le travail *physiologique*, intramusculaire, est continu ; le thermomètre devrait s'arrêter à un niveau moyen entre l'échauffement plus petit de la première série et l'échauffement plus grand de la deuxième. Tel fut en effet le résultat de l'expérience. — Enfin, Béclard a voulu faire encore une expérience de contrôle, consistant à maintenir le biceps actif pendant toute la durée de l'observation, mais avec

cette différence qu'il gardait tout le temps le poids
dans sa main et que, toutes les cinq secondes, il
le faisait alternativement monter ou descendre pendant cinq secondes ; de cette manière le travail
du muscle était alternativement un peu plus intense ou un peu moins intense que dans la troisième série avec bras immobile, mais en moyenne
égal à ce dernier cas : il accomplissait successivement des travaux positifs et des travaux négatifs ;
chacun de ces derniers annulait les premiers, et
restituait au muscle l'équivalent thermique que chaque travail positif avait consommé ; dans ces conditions le thermomètre, trop inerte pour suivre les
oscillations thermiques du muscle, devait peu à peu
s'arrêter à un niveau moyen égal à celui de l'expérience statique de la troisième série. C'est là le résultat effectivement obtenu par Béclard. — Il conclut de ses expériences que le muscle fonctionne
tout à fait en conformité avec la loi de l'équiva-
lence thermo-dynamique.

Cette conclusion ressort en effet assez nettement
des recherches de Béclard ; mais, dans toutes ses
expériences, le muscle s'est *échauffé*, — seulement
plus ou moins ; ainsi que nous le disions au commencement de ce paragraphe, la machine vivante
se surchauffe dès qu'elle entre en activité ; pour
prouver que c'est réellement aux dépens de la chaleur présente, *comme telle,* que s'accomplit son

travail mécanique, il faudrait constater directement
le *refroidissement* d'un muscle en train d'accomplir un travail positif. Je vais exposer en quelques
mots les faits qui viennent à l'appui de la possibilité d'un tel refroidissement. Il faut, pour les expériences sur cette question, des appareils extrêmement délicats, thermo-électriques, capables
d'indiquer des millièmes de degré ; on opère sur
des muscles isolés, des gastrocnémiens de grenouilles, parce qu'ils conservent très longtemps leur excitabilité. La première grande recherche de ce
genre est due à Heidenhain ; il excitait au moyen
d'une secousse d'induction le nerf du muscle auquel était suspendu un petit poids que la contraction du muscle devait soulever ; une seule contraction ne produisant pas sur le thermogalvanomètre
d'effet appréciable, Heidenhain fut obligé de lui
faire faire trois contractions consécutives ; l'appareil indiquait alors un certain échauffement. Représentons par dix le travail positif accompli par
le premier groupe de trois contractions, et aussi
par dix l'échauffement correspondant ; voici ce
que donne à Heidenhain la répétition de séries plus
ou moins prolongées de tels groupes de trois contractions : l'échauffement et le travail diminuent
au fur et à mesure que le muscle se fatigue ; ceci
était à prévoir ; mais voici ce qu'il y a de tout à
fait inattendu : c'est que l'échauffement, donc la

production de chaleur, *diminue beaucoup plus rapidement que le travail*; au bout d'un certain
temps, l'échauffement devient insignifiant, presque
nul, tandis que le travail en est encore à la moitié
ou au tiers de sa valeur initiale. Dans sa thèse,
citée plus haut, Marc Dufour fait observer que,
dans les expériences de Heidenhain, le poids, sou-
levé trois fois, retombait trois fois et *restituait*
ainsi au muscle la chaleur consommée pour son
soulèvement; il constate par le calcul que, si on
soustrait des valeurs thermiques de Heidenhain
cet équivalent indûment restitué, on obtient vers
la fin des séries des chiffres *négatifs*, c'est-à-dire
que, si on pouvait faire de telles expériences en
empêchant, à chaque relâchement du muscle, la
chute du poids de porter sur le muscle lui-
même, on devrait voir au galvanomètre des déviations indiquant un certain refroidissement du
muscle.

Danilewsky a fait des expériences semblables
avec un dispositif permettant le déclanchement du
poids dès que le muscle cesse de se contracter;
le muscle se relâche donc à vide, tandis que la
chute du poids est enrayée par un fil de caoutchouc,
sur lequel porte tout l'effet thermique de cette
chute. Danilewsky a observé dans la plupart de ses
expériences, que le muscle s'échauffait beaucoup
moins que dans celles de Heidenhain et, dans quel-

ques-unes d'entre elles, il a pu constater directement un léger refroidissement du muscle.

Des expériences semblables ont été faites avec
un résultat encore plus net par Blix à Upsala ; au
lieu de fatiguer un muscle frais, il laissait les muscles se fatiguer tous seuls, c'est-à-dire consommer
une partie de leur propre substance et se charger
d'une certaine dose de produits de décomposition ;
il profitait du temps nécessaire pour cela pour obtenir un équilibre thermique parfait dans l'appareil ; au bout de douze ou vingt-quatre heures,
quelquefois trente-six, il excitait le muscle et a
maintes fois constaté nettement que la contraction
était accompagnée d'un refroidissement, à la condition toutefois qu'il y eût travail positif ; s'il faisait contracter le muscle à vide, le galvanomètre
indiquait toujours un tout petit échauffement.

Il est peut-être impossible d'arriver à constater le refroidissement d'un muscle se contractant à
vide, car il est probable que, tant qu'il peut se contracter, il dégage assez de chaleur pour couvrir
celle que consomme sa propre contraction, qui est
un véritable travail mécanique, si petit soit-il.

On voit, en somme, que si le muscle actif peut
se refroidir, cela n'arrive que dans des conditions
tout à fait particulières et qui sont loin d'être les
conditions normales de son activité ; mais le fait
prouve, d'accord avec les expériences de Béclard,

de Marc Dufour et les miennes, que s'il s'échauffe toujours, c'est parce qu'il se surchauffe et que le travail mécanique qu'il fournit consomme une partie seulement de cet excédent de chaleur, dont le reste sert à élever la température du muscle.

Nous avons exposé les deux formes principales sous lesquelle le protoplasma vivant restitue au monde extérieur l'énergie potentielle dont il est chargé et qui est renfermée dans les substances organiques dont il se compose ; ces deux formes sont la *chaleur* et le *travail mécanique*. Les réactions chimiques grâce auxquelles se dégage la chaleur sont toujours accompagnées d'un changement *électrique* et quelquefois d'une production de *lumière ;* mais un dégagement d'électricité ou la production de lumière ne sont pas, à proprement parler, une façon de *restituer* au monde extérieur une partie de l'énergie qui lui a été empruntée, — ou, du moins, ne le sont que très exceptionnellement, chez quelques animaux munis d'organes à cet effet ; tels quelques insecte lumineux et quelques poissons électriques. Je ne crois pas utile de m'arrêter ici à une étude plus détaillée de ces phénomènes exceptionnels ; aussi bien, elle ne conduit à aucun résultat important, apte à exercer une influence quelconque sur la thèse générale que je voulais élucider : c'est-à-dire que l'organisme est aussi incapable de *créer* de la force que de créer de la matière, et qu'il ne peut que *transformer* l'énergie empruntée au monde extérieur : pour la force, comme pour la matière, il restitue seulement ce qu'il a reçu

---

VI

ACTION RÉFLEXE

Au commencement de la précédente causerie, nous avons déjà dit que la sensibilité provoque et guide la motilité : c'est grâce à la première que l'animal, renseigné, peut agir conformément à l'ensemble des impressions qu'il reçoit actuellement du monde extérieur et des sensations qu'elles éveillent en lui.

Jamais un muscle ne se contracte sans y être sollicité par son nerf moteur ; jamais un nerf centrifuge n'entre en activité sans y être sollicité par les centres nerveux ; jamais ceux-ci ne fonctionnent sans qu'une excitation des nerfs centripètes, sensitifs, ne vienne les ébranler. Impression, sensation, mouvement sont des phénomènes s'engendrant l'un l'autre, ou plutôt, ils ne sont que trois phases successives d'un seul et même phénomène : l'ébranlement — ou l'excitation — qui commence dans les organes des sens, se propage aux centres et finit dans les organes du mouvement.

Le mécanisme nerveux de cette action réciproque du monde extérieur sur l'organisme et de l'organisme sur le monde extérieur est celui de l'*action réflexe*. Pour étudier ce mécanisme, nous nous adresserons, dans cette causerie, uniquement aux *mouvements* réflexes, pour envisager seulement plus tard, dans les causeries suivantes, d'autres formes d'action réflexe, ayant d'autres sources que les impressions sensitives proprement dites et d'autres débouchés que les muscles du squelette ; ces formes sont moins faciles à saisir, parce que leurs manifestations sont moins apparentes et exigent, pour être bien comprises, une connaissance préalable de la forme musculo-motrice ; celle-ci est d'ailleurs la première dont le mécanisme ait été reconnu et celle qui, pendant longtemps, a été la seule admise.

I. SENSIBILITÉ ET MOTILITÉ

Comme il n'existe aucune communication directe entre les organes de la sensibilité et ceux du mouvement, et comme ils sont néanmoins en communication entre eux, puisqu'une impression sensitive agissant sur la peau du pied, par exemple, fait contracter les muscles de la jambe, nous devons en premier lieu rechercher où cette communication s'établit.

Le nerf sciatique, par exemple, longeant la cuisse et la jambe, descend jusqu'au pied, en distribuant aux muscles et à la peau des ramifications de plus en plus fines et enfin invisibles à l'œil nu ; les fibres qui vont à la peau sont sensitives, celles qui se perdent dans les muscles sont motrices ; en remontant les branches du nerf de la phériphérie vers le centre, nous voyons toutes ces fibres se rejoindre, s'accoler les unes aux autres en faisceaux de plus en plus gros et former enfin le *tronc* du nerf ; c'est un nerf *mixte*, c'est-à-dire contenant des fibres sensitives et des fibres motrices, comme tous les nerfs rachidiens ; mais, bien qu'elles s'y trouvent en contact les unes avec les autres, il ne s'y établit entre elles aucune communication : la conduction le long de chaque fibre est *isolée*, comme le long de chaque fil d'un câble sous-marin.

Sectionnons ce nerf sur un animal vivant, sur une grenouille ; il est dès lors divisé en deux tronçons, l'un inférieur se ramifiant dans la peau et les muscles situés au-dessous de la section, l'autre supérieur, qui remonte à la moëlle épinière.

Nous observons alors que l'animal meut normalement toutes les parties de son corps, à l'exception de la patte opérée. Cette dernière n'est plus susceptible de mouvement actif ; l'animal la traîne après lui, comme un membre frappé de mort, comme un corps étranger, attaché à son organisme ; de plus, on peut toucher le membre opéré, le comprimer avec une pince, le piquer avec des aiguilles, le couper avec des ciseaux, le brûler au fer rouge, sans que l'animal donne le moindre signe de sensibilité, sans qu'il s'en aperçoive en aucune façon. La section du tronc nerveux a interrompu une route, par laquelle des impulsions motrices, originaires d'une autre partie du corps, étaient transmises au membre opéré, par laquelle aussi toutes les impressions de contact et de douleur, de froid et de chaud reçues par ce membre étaient transmises aux centres nerveux, et aucun passage d'activité n'a lieu des fibres sensitives aux fibres motrices avec lesquelles elles sont en contact, puisqu'aucune excitation de la patte ne produit de mouvement.

Que si, au contraire, nous soumettons aux excitations ci-dessus indiquées le tronçon supérieur du nerf, aussitôt l'animal donne des signes évidents de sensation ou de douleur ; il s'efforce de s'enfuir de nos mains, pendant que la patte paralysée demeure immobile.

Les influences capables de produire un pareil effet sont de trois ordres. Elles sont ou *mécani-*

ques comme la compression, *chimiques* comme
l'application d'une goutte d'une substance irritante
quelconque, ou enfin *physiques* comme la chaleur
et l'électricité. Toutes ces influences jouent le rôle
d'excitants des fibres nerveuses, elles provoquent
l'activité de ces fibres, activité que celles-ci conduisent alors aux centres et aux muscles ; l'activité du tronçon nerveux supérieur arrive à la
conscience de l'animal sous forme de sensation
ou de douleur ; et cela prouve à nouveau que les
impressions sensitives se transmettaient bien de
la jambe au cerveau, siège de la conscience, par
l'intermédiaire du nerf coupé.

Soumettons aux mêmes irritations le bout inférieur du nerf sectionné. Nous verrons l'animal
rester absolument immobile, sans donner le plus
léger signe de sensibilité ; mais la patte paralysée
exécutera des mouvements violents, à son insu.
C'est là encore une preuve que les impulsions motrices se transmettraient aux muscles de ce membre par le nerf sectionné. Donc, impressions sensibles et impulsions motrices parcourent le nerf en
sens inverse, les premières de bas en haut, les secondes de haut en bas. Or, si nous suivons le
nerf sciatique, en remontant à travers les muscles
qui l'environnent, nous arrivons dans la cavité du
bassin ; là il se dirige obliquement vers la ligne
médiane jusqu'à longer la colonne vertébrale ; à

ce niveau, il se divise (chez la grenouille) en trois branches, chacune desquelles plonge dans l'interstice de deux vertèbres et pénètre ainsi dans le canal vertébral, où se trouve logée la moëlle épinière et à l'intérieur duquel elles continuent leur trajet oblique, en se rapprochant de plus en plus de leurs homologues du côté opposé. Entre chaque couple de vertèbres, d'autres nerfs provenant de toutes les parties du corps pénètrent de la même manière dans la cavité vertébrale. Tous prennent à peu près une direction commune, et finalement semblent se réunir et se fondre pour constituer un gros cordon nerveux, la *moëlle épinière*. Celle-ci monte jusque dans le crâne et plonge dans le cerveau.

Mais après avoir franchi les interstices vertébraux, les branches nerveuses perdent leur unité pour se diviser chacune en deux *racines*, qui s'insèrent latéralement sur la moëlle épinière, deux par deux, l'une en avant l'autre en arrière. Chaque nerf a donc deux racines, l'une antérieure, l'autre postérieure (ou plusieurs racines antérieures et postérieures).

Quelle est la signification physiologique, la fonction de ces racines?

Si, sur une grenouille, on sectionne les racines *antérieures* des trois nerfs qui se réunissent pour former le tronc du sciatique gauche, en laissant

intactes les racines postérieures, on obtient, en
apparence, des effets identiques à ceux que produit la section totale du tronc nerveux, c'est-à-
dire l'immobilité, la paralysie de l'extrémité correspondante. Mais si on touche la patte paralysée,
l'animal montre, à n'en pas douter, qu'il a perçu
le contact; à une compression plus forte, il répond
par des signes évidents de douleur sentie; il se
meut, il s'efforce de fuir à l'aide de toutes les parties non paralysées de son corps. Le membre pa-
ralysé *a donc conservé sa sensibilité*, mais il ne
reçoit plus les impulsions motrices; celles-ci lui
venaient donc de la moëlle épinière, par l'intermédiaire des racines antérieures, tandis que les
excitations sensitives prennent une autre voie,
puisqu'elles continuent à être perçues.

Pour contrôler cette conclusion, irritons le tronçon inférieur de la racine coupée. L'animal ne
sent rien, ne s'aperçoit de rien, mais la patte correspondante exécute un violent mouvement. C'est
donc bien par cette racine qu'arrivent normalement à la jambe les impulsions motrices. Si maintenant, nous irritons le tronçon supérieur de la
racine coupée, nous n'obtiendrons aucun effet,
point de mouvement, point de douleur. Cela
prouve, par surcroît, que les impressions sensitives ne sont pas transmises aux centres nerveux
par la racine antérieure du nerf.

Que l'on coupe sur une autre grenouille les racines *postérieures* du même nerf, en laissant intactes les racines antérieures, on verra l'animal prendre son attitude normale et se mouvoir normalement ; si on excite une partie quelconque de son corps, à l'exception de l'extrémité correspondant au nerf lésé, on verra l'animal mouvoir *tous* ses membres sans exception. La division des racines postérieures n'a donc pas empêché la transmission des impulsions motrices de la moëlle épinière aux troncs nerveux et, par eux, aux muscles.

Touchons maintenant cette extrémité ; l'animal ne s'en aperçoit pas ; comprimons-la avec force ; il ne sent rien. Nous avons donc, en sectionnant les racines postérieures du nerf, intercepté la voie par où se transmettaient les impressions sensitives, ayant leur origine dans la région correspondant à ce nerf. Aussi, l'irritation du tronçon périphérique des racines coupées est-elle absolument sans effet soit sur la sensibilité, soit sur le mouvement ; c'est là encore une preuve que les impulsions motrices ne se transmettent pas au tronc nerveux à travers ses racines postérieures. Au contraire, si l'on irrite le bout central de ces racines aussitôt l'animal donne tous les signes d'une violente douleur ; c'est donc par ces racines, que passent les impressions sensibles provenant de la périphérie du corps.

Ces constatations s'appliquent à tous les nerfs spinaux ; chacun d'eux contient deux ordres de filets nerveux ; les uns destinés à transmettre vers le centre les impressions produites à la périphérie par le monde extérieur, les autres chargés de transmettre aux muscles les impulsions motrices parties des centres.

Si la moëlle épinière était simplement un gros faisceau constitué par l'ensemble de toutes les racines des nerfs spinaux, sa section transversale complète, en un point quelconque de son trajet, devrait produire un effet identique à celui qu'entraînerait la section de toutes les racines antérieures et postérieures des nerfs situés au-dessous de la section. Les conséquences nécessaires de l'opération seraient donc l'insensibilité et l'immobilité totales de la partie inférieure du corps, de tout le train postérieur.

Il n'en est rien. Observons une grenouille dont la moëlle épinière a été sectionnée vers le milieu de sa longueur. L'animal, si on ne l'excite pas, conserve parfaitement sa position normale. Mais qu'on l'effraie, qu'on lui procure une sensation désagréable, en comprimant, par exemple, l'un des doigts d'une patte de devant ; aussitôt il fait des efforts pour s'enfuir, mais il en est empêché par l'immobilité de son train postérieur : la voie de transmission des impulsions motrices, émanant de la moitié antérieure des centres nerveux, de la moëlle allongée, de l'encéphale et allant à la moitié postérieure, est interceptée. Si maintenant on touche légèrement l'une des pattes postérieures, *elle se retire*, tout comme il arriverait chez un animal non opéré. Notre grenouille aurait-elle senti le contact ? Non, car en dépit des excitations les plus fortes, elle ne manifeste pas la plus légère sensibilité. Donc, la voie de transmission sensitive de la moëlle lombaire vers l'encéphale est, elle aussi, interrompue ; mais alors pourquoi la patte excitée se retire-t-elle ? Pourquoi, si l'irritation est plus forte, l'autre patte, qui n'a point été touchée, se met-elle aussi parfois en mouvement ? Évidemment, l'excitation centripète, sensitive, a pu gagner les conducteurs centrifuges et agir sur les muscles. Les racines antérieures et postérieures des nerfs rachidiens se perdent en effet dans l'*axe gris* de la moëlle épinière et c'est là qu'elles entrent en communication fonctionnelle les unes avec les autres, par l'intermédiaire des cellules auxquelles elles aboutissent ; les mouvements que nous obtenons ainsi sont, comme on dit, des mouvements *réflexes*.

L'expérience peut encore se faire de la manière suivante :

Une grenouille saine est suspendue par les extrémités antérieures. On met les doigts de l'une

de ses pattes postérieures en contact avec un peu
d'acide ; elle fléchit vivement la jambe et frotte
la patte irritée contre l'autre, pour l'essuyer, résiste violemment, et essaie de se débarrasser de
l'acide et de l'expérimentateur ; en même temps,
elle ferme les yeux, ce qui, en langage de grenouille, signifie qu'elle éprouve une sensation
excessivement désagréable. En traitant de même
une grenouille dont la moëlle épinière est sectionnée, on voit la patte se retirer immédiatement,
aussitôt que les doigts ont eu avec l'acide le contact le plus léger ; cette patte se retire même avec
plus de promptitude et d'énergie que ne le faisait
celle de la grenouille saine (particularité sur laquelle
nous reviendrons). Le train postérieur de la grenouille opérée réagit donc à cette irritation, exactement comme celui d'une grenouille normale ; mais
le train antérieur ne réagit point ; les membres
antérieurs ne font nul effort pour se délivrer ; les
yeux ne se ferment point ; tout ce qui se passe
dans la moitié postérieure du corps reste ignoré
de la moitié antérieure ; l'animal ne s'en aperçoit
nullement. Pour prouver que ces mouvements sont
réellement et complètement indépendants de la
conscience de l'animal, on peut tuer la grenouille
en détruisant son cerveau, et même enlever complètement tout son train antérieur, en laissant seulement les deux pattes postérieures et la moitié

inférieure de la moëlle. Si l'on recommence alors l'expérience de l'acide, l'effet produit est le même ; la patte excitée se retire précipitamment ; l'autre s'agite aussi, et, parfois, elles se frottent l'une contre l'autre, précisément comme elles le faisaient sur la grenouille saine.

Si la section de la moëlle est faite trop bas, de façon à intercepter la communication, par l'intermédiaire de la substance grise, entre les fibres des racines postérieures et celles des racines antérieures du sciatique, l'irritation du membre correspondant ne produit plus aucune réaction. Au contraire, plus la section est haute, c'est-à-dire plus on laisse d'axe gris apte à fonctionner et communiquant de mille manières différentes avec les racines du sciatique, plus aussi les réactions réflexes sont variées, compliquées, coordonnées et durables. C'est donc, en somme, bien la substance grise qui est l'organe de l'action réflexe. Je ne m'arrêterai pas aux détails histologiques de sa structure, ni à la façon dont les neurones centripètes et les neurones centrifuges se mettent en communication les uns avec les autres, se passent l'excitation qui aboutit, en fin de compte, à la réaction motrice ; pour l'étude de ces réactions, il suffit de prendre la substance grise *en bloc* et de savoir que c'est elle qui reçoit le flot d'activité nerveuse centripète et qui renvoie le flot d'activité nerveuse centrifuge.

L'action réflexe la plus élémentaire est le type de la plus complexe. C'est le seul mode d'activité des centres nerveux, moëlle épinière, moëlle allongée ou cerveau. Dans tout mouvement, isolé ou coordonné, il est impossible de déceler autre chose qu'un effet d'action réflexe : sans impulsion sensitive, nulle action possible. Une action, quelle qu'elle soit, est toujours la résultante d'une sensation ou de plusieurs sensations et l'effet est toujours proportionnel à l'ensemble des excitations.

Mais les effets de la même excitation ne sont pas toujours identiques. Comment concilier ce fait avec l'assertion précédente ? Les causes de la diversité des effets sont multiples et complexes ; nous espérons, dans le cours de cette étude, les montrer clairement au lecteur. Pour le présent, notons-en seulement la raison primitive, celle qui rend possible la diversité des réponses, malgré l'identité *apparente* de l'incitation, et qui occasionne le désaccord *apparent* entre la réponse et la demande.

Les pattes d'un animal décapité réagissent toujours de la même manière après une même excitation. Pourquoi en est-il autrement chez l'animal intact ? Voilà la question réduite aux termes les plus simples.

Or, la cause de la variété des effets réside en partie dans ce fait, que les nerfs cérébraux transmettent aux centres nerveux, non seulement cette catégorie de sensations communes à toute la surface du corps (chaud, froid, contact, douleur, chatouillement, etc.), mais encore, par le moyen d'organes *ad hoc*, les sensations spéciales de l'ouïe, du goût, de l'odorat et de la vue. Il va de soi que le cerveau, recevant, outre les impressions de la sensibilité cutanée, une série aussi nombreuse que variée d'impressions diverses, provenant de tous les sens, doit réagir conformément *à l'ensemble* des impressions qui l'ébranlent, non plus suivant un mode uniforme, comme la moëlle, mais en suscitant une multitude de mouvements conformes aux circonstances, et répondant au faisceau d'impressions simultanément perçues.

Ainsi, par exemple, un animal décapité fait un saut, quand on lui comprime une patte; la compression, est, dans ce cas, la seule cause de la réaction. Au contraire, l'animal sain et intact entend le bruit qu'on fait, voit la main qui s'approche pour le toucher; la compression n'est plus la seule incitation qui provoque la réaction; aussi peut-être l'animal normal ne sautera-t-il pas; il reculera peut-être, ou ne bougera pas du tout. Mais ce serait une grave erreur de croire que dans ce cas la réaction soit supprimée ou moins en rapport avec l'excitation. Elle a seulement une autre forme; peut-être sera-ce une accélération des battements du cœur, avec arrêt de la respiration et

contraction des capillaires phériphériques, phénomènes exprimant la peur. La décapitation a donc
pour effet de supprimer *l'ingérence* des réflexes
cérébraux parmi les réflexes spinaux ; ces derniers
ne sont plus troublés et se produisent avec beaucoup plus de régularité et de proportionnalité vis-
à-vis des excitations incidentes. La présence du
cerveau ne fait que compliquer les causes de la
réaction, en donnant accès à diverses impressions
simultanées.

Mais ce n'est pas tout : le cerveau n'est pas
seulement constitué par l'apposition typique et relativement simple d'éléments nerveux, comme
c'est le cas de la moëlle épinière ; il est une masse
considérable de substance blanche (fibres conduc-
trices) et de substance grise (organe central) mer-
veilleusement intriquées. Cette masse s'interpose
entre les nerfs sensitifs afférents et les nerfs moteurs efférents, à la manière d'un réostat sur le
trajet d'un courant électrique ; dans son sein se
rencontrent et réagissent, les unes sur les autres,
toutes les impressions récemment reçues ; elles s'y
renforcent ou s'y affaiblissent mutuellement ; elles
s'y combinent avec les traces des impressions passées. La masse cérébrale se comporte comme une
balance très délicate, continuellement maintenue
en mouvement ou en état d'équilibre instable par
l'innombrable foule d'impressions qui l'ébranlent.

et par les représentations qu'elles suscitent. La
réaction sera produite par la résultante de toutes
ces influences; elle aura une forme plus complexe
encore que dans le cas précédent, et semblera en
désaccord plus grand avec la cause première, qui
a provoqué toute la série des phénomènes. Par
exemple, un chien est enfermé dans une chambre;
il s'ennuie, se lamente, tourne et flaire çà et là.
Tout-à-coup, il découvre un morceau de viande
sur une table; l'odeur, la vue de la viande éveillent en lui la représentation des sensations gustatives, que cette viande est apte à lui procurer;
l'eau lui en vient à la bouche; il allonge le museau
pour la prendre; il ouvre déjà la gueule; mais
voilà qu'à l'instant lui apparaît l'image des coups
de bâton qu'il a reçus jadis, pour avoir cédé à une
tentation pareille. Aussitôt les réflexes en train de
se produire changent de direction, le chien s'écarte
de la table, se résigne à son sort, et jette seulement de temps en temps un regard attristé à cette
viande, si succulente pourtant, à qui la pourrait
mâcher. Mais il est certain que si le chien était
réellement affamé, il finirait quand même par dévorer la viande, malgré la prévision du châtiment.
Ce qui détermine en des cas pareils le résultat ul-
time, c'est la force relative des diverses sensations
et représentations simultanément ou successivement éprouvées; la plus intense efface les autres,

et produit sa réaction à elle, plus ou moins modifiée par leur intervention.

Dans l'exemple du chien désirant, mais n'osant
pas, s'emparer du morceau de viande, et y renon-
çant parce qu'il est animé par la gourmandise et
non par la faim, j'ai été forcé de faire une allusion
à d'autres formes d'action réflexe que la forme
musculo-motrice. La vue et l'odeur de la viande
éveillent en lui une *représentation* de son goût ;
cette représentation est une *sensation réflexe*,
phénomène élémentaire de l'activité psychique ; de
plus, les sensations olfactives et gustatives que
l'animal éprouve provoquent en même temps une
forte activité des glandes salivaires : l'innervation
de ces glandes est aussi un acte réflexe : l'excitation arrivée du dehors peut en effet être communiquée par les neurones ébranlés *à d'autres neurones sensitifs* et elle peut, en fin de compte, être
réfléchie non sur des muscles, mais sur des *glandes* et y produire une *sécrétion réflexe*, au lieu
d'un mouvement.

Je renvoie l'étude de ces deux formes de réaction à la causerie suivante, où nous nous occuperons justement des différentes formes de réflexes.
Ici nous devons traiter encore un point très important, sans lequel l'idée qu'on se ferait du fonctionnement de la substance grise serait tout à fait
incomplète.

Remarque. — Tous les phénomènes réflexes dont il est question dans cette causerie peuvent être observés sur des animaux à sang chaud ; si je n'en ai pas parlé, c'est que mon but n'est pas de faire connaître des détails, mais de faire comprendre des principes ; mais je ne voudrais pas que le lecteur garde l'impression que les choses se passent autrement chez les vertébrés supérieurs. Il n'y a au fond, entre eux et les autres, que cette différence : leurs tissus, et surtout le tissu nerveux, perdent beaucoup plus rapidement leurs propriétés physiologiques, — meurent, en un mot, dès qu'ils sont soustraits à la circulation du sang ; c'est pourquoi il est impossible de séparer chez eux le train postérieur, ou de les décapiter tout simplement, afin d'étudier les réflexes spinaux ; mais il y a deux moyens d'arriver à ce but : ou bien la section de la moëlle dorsale, chez l'animal vivant, qu'on laisse guérir du traumatisme et qu'on peut alors observer longuement ; ou bien la décapitation après ligature des grosses artères du cou et établissement de la respiration artificielle. Cette dernière méthode a été employée surtout par Tarkhanoff chez des oiseaux, qu'il a vus exécuter des réflexes compliqués et prolongés, dûment coordonnés, tels que des mouvements de locomotion (marche, natation, vol) ; la méthode de section de la moëlle a été utilisée surtout par Goltz, chez des chiens; il a reproduit ainsi chez ces mammifères tous les phénomènes offerts par les grenouilles,— notamment des phénomènes d'inhibition extrêmement nets. Enfin sur un homme dont la moëlle avait été tranchée par un coup de couteau, on a vu les jambes se fléchir vivement toutes les fois qu'on pinçait la peau du pied; une fois on lui demanda s'il ne sentait rien; il répondit très spirituellement : « Moi, non; mais vous voyez bien que mes jambes le sentent ». ...tant nous avons de peine à comprendre une réaction motrice sans sensibilité; mais il n'est pas nécessaire que ce soit de la sensibilité *consciente*; en d'autres termes, l'excitation centrale peut produire une réaction périphérique, sans être perçue par l'individu; or, les excitations confinées à la moëlle épinière sont sûrement inconscientes chez les vertébrés supérieurs.

II. INHIBITION

Nous savons qu'un groupe de neurones mis en activité peut mettre en activité un autre groupe de neurones; mais il peut aussi le mettre *hors d'activité* : c'est ce qu'on nomme « inhibition ». Nous ignorons *comment* il le fait, mais *le fait* est indubitable : à certains moments et dans certaines conditions, l'activité d'un groupe de neurones, provoquée par une impulsion centripète, exerce sur tel ou tel autre groupe de neurones une influence qui le met dans un état *d'excitabilité diminuée ou d'inexcitabilité,* c'est-à-dire *d'inactivité,* au lieu de le mettre comme d'habitude, dans un état d'excitabilité augmentée ou d'activité effective (dynamogénie). Dans certains cas, l'effet inhibitoire prédomine régulièrement sur l'effet opposé, et il y a des parties de l'axe cérébrospinal qui ont sur toutes les autres une action inhibante continue,— surtout, naturellement, quand elles sont excitées. Il est nécessaire de se rendre bien nettement compte de cette singulière action des différents centres nerveux les uns sur les autres, pour comprendre le nombre et la variété infinie de réactions par lesquelles, dans leur ensemble, ils répondent aux incitations qui viennent les ébranler.

L'axe cérébospinal des vertébrés inférieurs se compose essentiellement de petits hémisphères, de lobes optiques relativement très développés, de la moëlle allongée et de la moëlle épinière ; les autres organes n'y sont guère que rudimentaires.

Les hémisphères ont d'autant moins d'importance que l'animal est placé plus bas dans l'échelle zoologique. L'amphioxus, le plus inférieur des vertébrés, n'en a point ; il n'a que la moëlle épi-

nière, centre unique, remplissant toutes les fonctions réflexes requises pour la vie de relations.
Mais plus l'évolution fait des progrès, plus aussi
la portion antérieure du neuraxe gagne en dignité :
elle augmente de volume, ses parties se multiplient et se différencient, ses fonctions deviennent
plus variées et plus importantes ; la portion postérieure, caudale, se dépouille peu à peu de ses attributions, tandis que la portion céphalique accapare de plus en plus les fonctions centrales ayant
trait à la vie de relation. Enfin, chez l'homme,
c'est l'encéphale qui les exerce presque exclusivement, et la moelle est presque réduite au rôle
d'un organe de simple transmission, n'ayant plus,
en tant qu'organe central, que des attributions
tout à fait subordonnées et inférieures.

Chez un poisson, l'extirpation des hémisphères
produit à peine des résultats appréciables ; il est
peut-être un peu moins vif, moins actif, pendant
quelque temps ; mais peu à peu il reprend sa manière habituelle de se comporter, reconnaît sa
nourriture, l'ingère, et continue ainsi à vivre indéfiniment.

Chez les grenouilles, l'absence des hémisphères
a déjà un effet plus marqué sur leur existence :
elles se tiennent plus tranquilles, ont moins d'initiative, manquent de « spontanéité », comme on
dit ; elles ont de la peine à s'alimenter et n'y arri-

vent que dans quelques cas favorables, au bout d'un temps assez long ; mais elles se comportent d'ailleurs vis-à-vis des impressions extérieures à peu près comme des grenouilles normales, elles maintiennent leur attitude habituelle, sautent et nagent très bien. Les sensations sont donc possibles chez elles ; seule leur réunion ou combinaison en représentations et, par conséquent, la *compréhension* de ces sensations, semble avoir souffert pour un temps plus ou moins long ; c'est qu'en effet les hémisphères sont les organes des hautes fonctions sensorielles et psychiques, de l'entendement, et le point de départ des actions adaptées aux circonstantes, volontaires. Ainsi s'explique le manque d'initiative et l'activité diminuée des grenouilles privées de ces organes.

Chez les reptiles il en est à peu près de même, sauf des différences en plus ou en moins. Le physiologiste italien Fano a fait, il y a une quinzaine d'années, de très intéressantes expériences. Si on extirpe à une tortue les hémisphères cérébraux (avec les *couches* optiques) on observe que l'animal a perdu la faculté de faire des mouvements spontanés (intentionnels, volontaires) ; on peut tenir en vie une telle tortue pendant de longues semaines et s'assurer que, pourvu qu'elle ne soit pas excitée du dehors, elle reste presque complètement immobile. Si, chez cette même tortue, ou chez une autre, on extirpe, outre les hémisphères, les *lobes* optiques (corps quadrijumeaux), les phénomènes prennent un aspect absolument différent : l'animal se met bientôt en mouvement, il marche continuellement, se dresse contre les parois de la caisse ou contre les murs de la chambre, sans trêve ni repos, avec une extrême agitation, — et cela, sans qu'on puisse reconnaître à ces mouvements une cause extérieure quelconque ; or, s'il n'y a point d'excitation venant du dehors, il doit y avoir une cause suffisante d'innervation motrice dans l'organisme lui-même ; il paraît, en effet, que les éléments moteurs de la moelle allongée sont constamment maintenus dans un état d'excitation dû aux processus chimiques nutritifs, dont ils sont le siège. Cette supposition est confirmée par le fait que si on fait, chez le même animal ou chez un autre, une section transversale entre la moelle allongée et la moelle épinière, l'animal retombe dans l'immobilité la plus complète et ne bouge plus que lorsqu'on l'excite artificiellement, répondant à chaque excitation par des réflexes spinaux simples, exactement comme une grenouille privée d'encéphale et de moelle allongée. Il ressort de ces faits que les lobes optiques exercent continuellement une influence inhibitrice sur le bulbe : en leur absence, il y a *mobilité forcée*, tandis qu'en leur présence il y a *immobilité forcée*, à la condition toutefois que les hémisphères manquent ; en effet, lorsque les hémisphères sont aussi présents, il y a tantôt repos et tantôt mouvement ; chez l'animal normal, les hémisphères semblent donc intervenir éventuellement *en inhibant l'action inhibitrice des lobes optiques*, afin de permettre à l'action motrice du bulbe de se répandre sur les nerfs moteurs et les muscles. — Fano est ainsi conduit à une conception nouvelle du mécanisme des actes volontaires : ceux-ci ne seraient pas dus à la simple production d'impulsions motrices de la part des hémisphères, mais à la production d'impulsions inhibitrices qui suspendraient, selon les circonstances, l'inhibition de certains éléments bulbaires par certains éléments des lobes optiques.

Quoi qu'il en soit, des faits analogues avaient déjà, longtemps auparavant, été constatés par Setchénoff sur des grenouilles ; il avait vu que l'irritation des lobes optiques diminue, déprime et suspend même les réflexes spinaux, tandis que leur ablation augmente considérablement la rapidité et l'énergie de ces réflexes ; il en a conclu que les lobes optiques sont des *centres inhibiteurs*.

Schiff ne voulait pas admettre l'existence de vrais *centres*, ayant seuls et à l'exclusion de toute autre partie de l'axe cérébro-spinal, l'inhibition pour fonction. Il avait vu que chez des lézards et des couleuvres l'action réflexe de la partie caudale de la moelle augmente chaque fois qu'on enlève un segment céphalique, d'où il concluait à une influence inhibitrice d'un segment *quelconque* de la moelle sur la partie suivante, dans la direction caudale; bien plus, chez une grenouille à laquelle on coupe transversalement la moelle épinière dans la région dorsale, les réflexes sont augmentés non-seulement dans le train postérieur, *mais aussi dans le train antérieur*, de sorte que le bout caudal de la moelle exerce lui aussi une influence inhibitrice sur la partie céphalique de la moelle.

Plus tard, j'ai, à mon tour, repris ces expériences, et j'ai entièrement confirmé les résultats de Setchénoff et ceux de Schiff; j'ai, en outre, étendu ceux-ci aux gros *troncs* nerveux en dehors des centres, c'est-à-dire que j'ai montré qu'il suffit de couper à une grenouille les deux nerfs sciatiques ou brachiaux, ou même un seul de ces nerfs, pour obtenir une augmentation très nette des réflexes dans tous les autres membres de l'animal, ou bien de l'irriter fortement pour en obtenir une diminution également nette. Ce dernier fait est important, parce qu'il montre que l'inhibition (diminution d'excitabilité, inactivité), de même que la dynamogénie (augmentation d'excitabilité, activité), a sa source dans le flot d'innervation centripète et est un phénomène réflexe.

Ainsi, de même que la substance grise jouit,

dans toute son étendue, de la propriété de produire le mouvement (ou, plus généralement, l'*activité*), elle jouit, dans toute son étendue, de celle de produire l'inhibition ; et ces deux propriétés sont constamment en jeu, l'emportant tour à tour dans telle ou telle autre partie des centres nerveux, selon les circonstances, c'est-à-dire, selon la qualité et la quantité des excitations qui ébranlent ces centres.

Maintenant, on comprendra facilement comment il se fait que la même impression ne produise pas toujours la même réaction et qu'une infinie variété de réactions correspond à l'infinie variété d'impressions. Les différentes parties de la substance grise, axe de la moelle, noyaux bulbaires ou basilaires, différentes régions de la couche corticale, sont non-seulement macroscopiquement réunies les unes aux autres par des faisceaux ou des traînées de fibres commissurales, mais chaque élément central est mis en communication avec tous les autres, grâce aux chaînes ininterrompues de neurones qui se suivent, se juxtaposent, s'enchevêtrent, de sorte qu'à tous moments l'excitation de l'un quelconque d'entre les neurones récepteurs peut être transmise à n'importe lequel ou lesquels des autres, jusqu'à ce qu'elle gagne n'importe lesquels des neurones restituteurs qui fournissent l'innervation centrifuge. De plus, toute

excitation peut, à un moment donné, être renfor-
cée ou affaiblie, activée ou inhibée par l'une ou
l'autre des excitations concomitantes, due soit à
une impression incidente, soit au déroulement des
représentations dominantes du moment.

C'est là ce qui explique pourquoi il n'est pas
toujours possible, et souvent impossible, de prévoir quel sera l'effet extérieur final d'une impression donnée agissant à un moment donné sur un
individu donné, — à plus forte raison si elle agit
sur le même individu dans des conditions différentes ou sur des individus différents. Au fond, la
même impression n'est jamais la même par rapport à l'organisme : vis-à-vis de deux individus —
parce qu'ils ne sont jamais identiques; vis-à-vis du
même individu — parce que, à deux moments
différents, il est lui-même changé, fatigué ou reposé, affamé ou repu, etc... Fût-il d'ailleurs, à ces
deux moments, dans un état aussi identique que
possible, une impression agissant pour la deuxième
fois éveille nécessairement le souvenir de sa première action, et ce supplément psychique modifie
nécessairement la réaction.

La variété des actions des hommes ou des animaux vis-à-vis de la variété des impressions extérieures et surtout vis-à-vis d'impressions en apparence semblables, a pendant longtemps masqué
le lien intime entre l'action et la réaction et a été

le fondement de la théorie philosophique qui attri-
buait aux animaux la « spontanéité » et à l'homme
la « liberté ». Nous savons à présent que *toute
action est une réaction*, c'est-à-dire qu'elle impli-
que la coopération de deux termes : l'organisme et
le monde extérieur, dont il ne faut négliger ni l'un
ni l'autre.

VII

CLASSIFICATION DES RÉFLEXES

Dans la causerie précédente, nous nous sommes occupés des *mouvements* réflexes pour arriver à connaître par leur intermédiaire le mécanisme de l'action réflexe en général ; ce mécanisme consiste en ce que certains neurones centraux, mis en branle par des neurones afférents, ébranlent à leur tour certains neurones efférents. Cette extension de notre conception de l'action réflexe fait rentrer dans son domaine une foule de phénomènes où soit l'effet immédiat soit l'effet final n'est pas un mouvement, mais tantôt une sécrétion et tantôt une représentation, c'est-à-dire un phénomène *chimique*, appartenant à la vie de nutrition, ou un phénomène *psychique*.

Ainsi, l'ébranlement réciproque des éléments centraux les uns par les autres peut aboutir à trois sortes de résultats fonctionnels : à des effets *mé-*

caniques (musculaires) ; à des effets *chimiques* (glandulaires ou, mieux, viscéraux), et à des effets *psychiques* (intracérébraux), — ces derniers finissant toujours par des manifestations appartenant aux deux premiers. Cette multiplicité de formes rend indispensable une subdivision en catégories; la classification que je propose est basée précisément sur la nature de *l'effet fonctionnel* prépondérant du processus central ; elle est la seule qui réponde à la nature des choses : toute classification anatomique ou psychologique désunit injustifiablement des phénomènes au fond identiques, ou confond au contraire des phénomènes par trop divers.

I. RÉFLEXES MUSCULAIRES

Autrefois on ne connaissait en fait d'action réflexe, que les *mouvements* réflexes, et encore ne désignait-on ainsi que les réactions motrices les plus simples et les plus directes, involontaires et inconscientes, que l'on envisageait comme étant purement « machinales »; tels, par exemple, les mouvements des extrémités excitées chez des grenouilles privées de l'encéphale (les réflexes spinaux).

On appelait « automatiques » les réactions moins

directes, plus compliquées, plus prolongées, consistant en mouvements dûment coordonnés, se répétant quelquefois à plusieurs reprises, avec alternances de contractions et de relâchements, de flexions et d'extensions; telles, par exemple, les mouvements de locomotion exécutés par des grenouilles auxquelles on a laissé la moelle allongée; mais, outre que du simple au compliqué il y a d'innombrables transitions, tellement graduelles qu'il est impossible de tracer entre elles une limite quelconque, le mot d' « automatique » a été pendant longtemps employé comme synonyme de « spontané »; il vaut mieux éviter la confusion d'idées que ce mot pourrait faire naître dans l'esprit, et si on tient à indiquer brièvement la différence qui sépare les réactions les plus simples, spinales, des plus compliquées que puisse fournir un organisme privé de cerveau, il vaut mieux employer pour ces dernières l'expression de réflexes *bulbaires*; elle a l'avantage d'indiquer en même temps l'identité foncière du mécanisme nerveux dans les deux cas, et la région de l'axe cérébro-spinal qui fournit la forme compliquée des réactions.

Ce pas a été assez facilement franchi; il en restait un plus difficile à faire; les mouvements constituant de véritables *actions*, accomplies conformément aux circonstances, en vue d'un but donné, conscients et évidemment intentionnels — bref, les mouvements *volontaires* — n'étaient pas envisagés comme « réflexes », mais comme « spontanés » et dus à l'initiative de l'activité psychique, agissant directement sur les éléments moteurs. Cependant à mesure que le phénomène des *sensations* réflexes était de mieux en mieux connu et donnait la clef du mécanisme de l'activité psychique tout entière, on a été amené à comprendre que les velléités et les volitions n'étaient elles-mêmes que des groupes et des séries de sensations réflexes dans lesquels entraient comme élément essentiel des représentations motrices, avec forte tendance à l'exécution. Dès lors, les mouvements volontaires devenaient, eux aussi, des mouvements réflexes, seulement encore beaucoup plus compliqués, beaucoup plus indirects que les bulbaires, et exigeant la participation du cerveau proprement dit, notamment des hémisphères. On peut les appeler : réflexes *cérébraux*, ou, mieux, *corticaux*.

Mais on n'est guère plus avancé pour cela, car une telle subdivision comporte une forte dose d'appréciation personnelle, et n'a aucune base objective décisive. Les transitions du simple au complexe, du direct au plus indirect, sont tellement nombreuses et insensibles que l'on ne sait vraiment pas où finit l'un et où commence l'autre.

D'ailleurs, est-ce que le plus élémentaire, le plus direct et le plus restreint des réflexes spinaux, qui consiste en la simple flexion d'une extrémité, n'est pas déjà très complexe ? Ce n'est pas une innervation indifféremment lancée à n'importe quels muscles ; il faut que *certains* muscles se contractent d'une *certaine* façon, pour que le pied soit fléchi sur la jambe, la jambe sur la cuisse et la cuisse sur le corps ; et si, au lieu de serrer légèrement un doigt (irritation tactile qui disparaît grâce au retrait de l'extrémité), nous plongeons le bout des doigts dans de l'eau acidulée (irritation qui persiste malgré ce retrait, grâce à la mince couche d'acide qui reste sur la peau), la réaction n'est pas une simple flexion, mais celle-ci est suivie d'une série de mouvements de la patte, qui vient se frotter contre le reste du corps, comme si l'animal « voulait » l'essuyer, pour se débarrasser de l'impression désagréable ; cette réaction est bien plus longue et bien plus compliquée que l'autre : en est-elle, pour cela, moins réflexe, plus automatique, plus consciente, plus intentionnelle ? Il ne faut pas oublier, en outre, que si nous pouvons, artificiellement, au moyen de sections de l'axe cérébro-spinal à différents niveaux, en isoler telle ou telle partie, et voir quelles sont les réactions dont elle est capable en l'absence des autres, chez l'animal vivant toutes les parties de cet axe sont en communication réciproque et agissent synergiquement : chez une grenouille normale le contact d'un doigt est senti et le retrait de la patte voulu. Or, la seule différence entre les deux cas, c'est que dans l'un, ce sont toujours les mêmes neurones, peu nombreux, situés dans la région isolée, qui prennent part à la réaction, tandis que dans l'autre ce sont tantôt les uns, tantôt les autres, beaucoup plus nombreux et situés dans une région quelconque de l'axe cérébro-spinal ; et c'est là ce qui explique l'uniformité de la réaction dans le premier cas et la multitude de formes diverses qu'elle peut prendre dans le second.

On voit combien serait vaine la tentative de subdiviser les réflexes musculaires en espèces différentes, selon qu'ils sont *volontaires* ou *involontaires, conscients* ou *inconscients,* d'autant plus que chacun d'eux est, selon les circonstances, tantôt conscient d'avance (volontaire), tantôt conscient après coup (s'effectuant involontairement, mais perçu) tantôt absolument inconscient. Chaque cas particulier nécessite un examen minutieux pour savoir à quoi s'en tenir à ce sujet ; et nous verrons bientôt comment ces trois « espèces » se transforment les unes dans les autres, grâce à l'exercice et à l'habitude.

On a aussi divisé les réflexes musculaires en *innés* et *acquis* : le mécanisme nervo-musculaire

des uns est entièrement organisé, prêt à fonctionner au moment de la naissance ; les autres ont
besoin d'un apprentissage plus ou moins long et
difficile, avant de pouvoir être exécutés avec la
précision et l'énergie voulues ; mais la distinction
n'est juste que si on envisage une espèce animale
donnée, telle action étant innée chez l'une et devant être acquise chez l'autre ; par exemple, il y a
des animaux qui, en naissant, possèdent tous les
mouvements requis pour la locomotion propre à
leur espèce ; ils volent très bien dès le premier
essai, comme les jeunes hirondelles, ou nagent,
comme les canetons, ou courent, comme les co-
chons d'Inde, ou savent pour le moins se tenir debout comme les poulains ou les veaux ; d'autres
doivent *apprendre* à voler, volent d'abord mal,
puis perfectionnent peu à peu leur genre de locomotion, comme les moineaux, par exemple ; les
petits des carnivores doivent apprendre à se tenir
debout et à marcher, puis à courir et à sauter ;
chez les chiens, les mouvements requis pour la natation sont innés ; chez l'homme ils ne le sont pas,
et il a souvent beaucoup de peine à les apprendre.

Donc la distinction entre mouvements réflexes
innés et acquis est une caractéristique de l'espèce
animale envisagée, plutôt que des mouvements
eux-mêmes ; et à ce point de vue elle est intéres-

sante ; mais c'est plutôt de l'histoire naturelle que de la physiologie.

Le caractère commun des mouvements réflexes innés est une certaine constance dans leur mode de manifestation ; les conditions mécaniques de leur production sont si étroitement liées à la nature intime de l'organisme, que les réactions sont inévitables et s'effectuent indépendamment de la conscience, sans aucune intervention de ce qu'on appelle la volonté ; parfois même, quelque grande que soit la tendance de cette volonté à les réprimer, ils ont lieu quand même. Chez l'homme, comme chez les mammifères supérieurs, les réflexes innés agissent presque exclusivement dans le domaine des fonctions de nutrition et président soit à l'exécution des mouvements requis pour leur accomplissement (succion, déglutition, défécation) soit à la protection des viscères contre des intrusions nocives de corps étrangers (éternûment, toux, vomissement). Nous en décrirons quelques exemples dans le 2ᵐᵉ paragraphe de cette causerie, où nous nous occuperons des réflexes *viscéraux*. Ici nous voulons étudier les réflexes *acquis* chez l'homme, qui renferment toutes ses *actions,* des plus simples aux plus compliquées.

Les réflexes *acquis* ne diffèrent point essentiellement des réflexes innés et leur mécanisme nerveux est le même ; mais au lieu d'une régularité machinale, ils offrent une très grande variété dans leurs manifestations et dans les infinies combinaisons des groupes musculaires qu'ils mettent en jeu. Cela provient de ce qu'ils ont pour point de départ non plus une cause unique et bien déterminée, comme les réflexes innés, mais toute l'immense multitude d'impressions et d'influences aptes à impressionner l'organisme, les unes provenant directement du dehors, les autres indirectement suscitées au sein de l'organisme même, et qui toutes contribuent à la production de l'effet final. Examinons le processus d'acquisition de quelques-uns de ces réflexes.

Figurons-nous un homme possédé de l'idée d'apprendre à jouer du violon. Les premières fois qu'il tient l'instrument, son inaptitude se décèle par une certaine allure étrange et désordonnée. Comment tenir le violon, comment le fixer, comment manier l'archet ? Toutes ces choses, il les ignore absolument, et, bien qu'il s'applique ardemment à suivre l'exemple du maître, il ne peut en venir à bout. Au lieu de pousser l'archet en avant il le tire en arrière ; si son attention se concentre sur la main droite, la gauche demeure immobile. D'où vient tout ce désordre ? C'est que, pour jouer du violon, il faut coordonner d'une manière déterminée les contractions d'un grand nombre de muscles non encore accoutumés à agir de cette façon : certains d'entre eux, qui, jusqu'alors, n'avaient jamais agi de concert, doivent maintenant se contracter simultanément, tandis que les autres qui fonctionnaient toujours par groupes, doivent à présent se mouvoir isolément, l'un après l'autre. Les doigts de la main gauche sont particulièrement dans ce dernier cas, car jusqu'alors, les actions réflexes les avaient fait agir tous à la fois, et voici que tout d'un coup, la besogne change, il faut maintenant que chaque doigt se meuve indépendamment des autres. De plus, comme aucune des impressions précédentes, n'avaient donné lieu à des combinaisons de ce genre, celle qui domine actuellement dans les centres nerveux ne trouve aucune voie préparée ; c'est pourquoi l'excitation s'irradie de tous côtés et fait contracter beaucoup de muscles qui devraient rester en repos : le visage se contorsionne, les jambes frémissent d'impatience, et l'excitation va grandissant toujours jusqu'à ce que s'effectue enfin le mouvement désiré. Peu à peu, il se fera moins difficilement et d'autant plus facilement que les voies de communication nerveuses seront parcourues plus souvent par l'excitation.

Pendant la première période de l'apprentissage, ce qui préoccupe beaucoup l'élève, c'est la position de l'instrument et celle des bras et des mains ; quant aux particularités de l'exécution, il s'en sou-

cie peu ou point. Bientôt, au contraire, il exercera
principalement les mouvements de la main gauche, et ne fera plus attention à la manière de tenir le violon et l'archet, car les communications
nerveuses d'où dépendent les mouvements élémentaires indispensables sont définitivement établies.
Dorénavant, il suffit que l'individu soit soumis à
une série d'impressions qui le poussent à jouer du
violon, pour que toute la série des mouvements
se déroule sans aucun effort, sans que l'attention
intervienne et pourra même s'accomplir sans que
la conscience y prenne part : l'excitation centrale
glisse, pour ainsi dire, inobservée le long de toutes les communications, qui mènent aux fibres
dont le jeu est nécessaire. Ensuite, ce sont les
mouvements des doigts, qui exigent un travail
subtil et minutieux ; les voies nerveuses ne sont
pas assez développées, l'excitation ne peut parcou-
rir son trajet sans rencontrer des obstacles qui
obstruent la route, sans s'irradier çà et là ; l'effet
ne répond pas aux exigences du moment, l'excitation s'accumule et l'individu est de nouveau pris
d'impatience. Enfin, l'excitation trouve sa voie,
les mouvements s'accomplissent, on les réitère
mille et mille fois, pour s'y accoutumer de plus
en plus, pour bien relier entre elles les voies nerveuses, qui doivent agir en commun, afin que, le
cas échéant, une excitation semblable puisse les

retrouver plus facilement. Au fur et à mesure que, grâce à la répétition et à l'habitude, les obstacles diminuent, la préoccupation diminue elle aussi pour cesser enfin tout à fait. Alors, l'acte s'accomplit « machinalement » ou « automatiquement ».

Voilà l'élève parvenu à reproduire les différents sons que l'on peut tirer de l'instrument, à les reproduire soit isolément sous forme de gammes, soit combinés en accords, et déjà il connaît au moins les modes de succession et de combinaison typiques des notes. Il est donc préparé à affronter les notes qui, se succèdant suivant des modes variés, constituent les divers morceaux. Pour lui, dès lors, point de position complètement neuve, point de mouvements absolument inconnus ; la différence consistera dans le mode de succession des mouvements eux-mêmes, et, en même temps, dans la combinaison des diverses positions isolément apprises.

Néanmoins, si une combinaison nouvelle se présente, l'élève fait une pause, hésite, cherche, répète, jusqu'à ce que les mouvements arrivent à s'exécuter comme d'eux-mêmes. Pour qu'il puisse exécuter le morceau, il faut que toute hésitation ait disparu et fait place à une sûreté qui tient de la machine ; et c'est seulement alors que le musicien peut se dire vraiment sûr de son fait. A partir de ce moment, il peut commencer à regarder le morceau comme un tout indivisible ; insouciant des particularités mécaniques de l'exécution, il modifiera l'allure, l'accent des notes et des phrases, conformément aux impressions qu'elles éveillent en lui. Il communiquera alors à l'exécution l'empreinte de son caractère individuel, en lui donnant la plus vive expression possible.

Mais il ne faut pas oublier d'autres actions réflexes, se rapportant à l'exécution musicale, et qui ont leur point de départ dans l'œil, dans le centre visuel ; leur éducation est de tout point semblable à celle des précédentes. D'abord l'élève n'a pas la moindre idée de ce que peuvent signifier ces points noirs placés sur des lignes horizontales parallèles ; peu à peu, on lui enseigne que chacun de ces points représente un certain son de l'instrument ; mais chaque son lui-même correspond à une position déterminée du corps, à certains mouvements particuliers de la main et des doigts. L'élève, alors, s'applique tout entier à l'étude des contractions musculaires capables de reproduire par des sons la muette image qu'il a sous les yeux ; la vue reçoit une série d'impressions nouvelles, auxquelles il faut répondre par une série de mouvements, que le nerf optique n'a encore jamais provoqués. Il faut du temps et même beaucoup de temps, pour

que de telles communications s'exécutent aisément
et régulièrement dans les centres nerveux. Cependant, ces réflexes, d'origine optique, ne sont pas
indispensables, comme le prouvent les aveugles,
qui arrivent à la plus grande habileté dans l'exécution sans avoir besoin de la symbolique musicale. Pour eux, point de ces communications nerveuses dont nous venons de parler ; tandis que
chez l'individu disposant pour se perfectionner de
toutes les ressources de l'homme sain, il s'établit
une multitude de communications qui s'impriment
profondément dans la substance grise du cerveau,
et d'où résulte que l'on peut jouer à première vue
les plus difficiles compositions. Mais pour qu'aucune combinaison de notes ne semble plus nouvelle, pour que la vue des notes produise immédiatement la sensation acoustique correspondante et
innerve les muscles convenables, il faut travailler
avec une infatigable persévérance ; il semble même
douteux que l'on parvienne jamais à surmonter
en courant toutes les difficultés particulières d'un
morceau auparavant inconnu, et c'est seulement
quand on est une fois parvenu à ce degré d'habileté, où un simple coup d'œil jeté de temps à
autre suffit pour percevoir l'ensemble, c'est seulement alors que l'on peut jouer sans altérer la
parfaite expression de l'idée originale, et même
en la modifiant de façon à susciter chez les au-

tres toutes les sensations qu'il éveille chez l'artiste. [1]

Voilà un homme adulte, qui veut apprendre à lire et à écrire ; son cas est exactement celui du musicien. Il lui faudra aussi se soumettre à de longues fatigues pour imprimer dans sa mémoire les vingt ou trente sons typiques, dont se compose l'alphabet et ses plus simples combinaisons ; pour arriver à ce que la vue des lettres détermine les muscles de la langue et du larynx à reproduire les sons voulus, il faudra que notre homme les répète longtemps. Toute combinaison nouvelle l'arrêtera et, dans son hésitation, il fera, comme d'habitude, beaucoup de mouvements inutiles ; il ouvrira les yeux, froncera les sourcils, contournera la bouche, jusqu'à ce que l'excitation se soit frayé un chemin facile à travers les voies nerveuses. Quand les plus étranges combinaisons de lettres sont devenues familières, quand les actes réflexes provoqués par les perceptions visuelles s'exécutent rapidement, alors les paroles naissent toutes seules des syllabes écrites, les phrases se prononcent dans leur entier ; le premier mécanisme de la lecture est achevé. Néanmoins, l'imperfection sera encore visible, le coup d'œil d'ensemble ne suffi-

---

[1] Tolstoï a tort, dans son livre sur l'Art, de se moquer de Beethoven, qui, devenu sourd, continuait à composer ; c'était une surdité *périphérique* et rien n'empêchait l'*organe central* de fonctionner. (Voir § 3 de cette causerie).

sant pas encore à susciter directement les mouvements nécessaires avec la rapidité et la précision
voulues et sans l'intervention spéciale de l'attention. Pour contrôler l'exactitude de sa vue, notons
bien ceci, l'élève a besoin de lire toujours à haute
voix. Il ne saurait être satisfait à moins, et peut-
être ne pourrait-il sans cela comprendre ce qu'il
lit ; car, jusqu'alors, ses idées n'ayant jamais été
éveillées que par des *sons* venant du dehors, la
seule *vue* des mots imprimés ne suffit pas à les
produire ; il lui faut les prononcer à haute voix
pour les entendre. Mais, après une pratique suffisamment longue, un coup d'œil jeté sur un mot
suffit pour que l'ouïe reproduise la sensation auditive correspondante (la représentation du son
qu'occasionnaient auparavant les ondes sonores
de la voix). Chacun peut observer qu'en lisant
des yeux, on entend intérieurement le son des
paroles que l'on voit : c'est là un dernier vestige
de l'apprentissage par lequel on a passé.

Ce que nous avons dit de l'apprentissage du
violon et de la lecture, s'applique évidemment à
l'acquisition du langage articulé. D'abord l'enfant
ne remarque aucun rapport entre le nom et la
chose ; mais à force de voir une cuiller, par
exemple, et d'entendre toujours en même temps
le mot *cuiller*, la correspondance entre l'objet et
le mot s'établit dans son esprit. Dorénavant, la vue

d'une cuiller éveillera chez lui la représentation
du mot qui désigne cet objet, et inversement, en
entendant le mot, il aura « l'idée » de l'objet lui-
même. Reste un dernier acte à accomplir, la pro-
nonciation du mot. Ici encore, l'enfant commence
par balbutier péniblement ce mot avant de le prononcer exactement, comme fait le violoniste inha-
bile encore à combiner les mouvements nécessaires pour obtenir un accord. Un beau jour pourtant, il arrive à triompher de l'obstacle ; il pro-
nonce distinctement. Alors, tout en l'accablant de
caresses, la famille l'excite à répéter ; on ne lui
donne l'objet que s'il le nomme plusieurs fois ; naturellement, pour apprendre chaque parole, pour
se l'imprimer dans le cerveau, l'enfant passe par
le même apprentissage : avant d'arriver à parler,
il lui faut connaître les relations des objets avec
les divers sons, il faut qu'un nombre suffisant de
communications nerveuses se soient établies dans
son cerveau. Mais pour que son langage acquière
la clarté, la propriété, la précision, il est besoin
d'un apprentissage aussi long que celui grâce auquel le violoniste se rend maître des finesses de
son art. La seule différence, c'est que l'enfant
apprend à jouer d'un instrument qui fait partie de
son propre corps. L'art de bien s'exprimer ne
s'obtient d'ailleurs presque jamais avant l'adoles-
cence, et sa plus ou moins grande perfection dé-

pend ensuite des circonstances au milieu desquelles la vie s'est écoulée, de l'éducation et de la capacité de l'individu.

Nous apprenons de la même façon des combinaisons très complexes de mouvements qui nous paraissent ensuite très simples, précisément parce que nous les apprenons à une époque dont nous ne conservons aucun souvenir. Telle, par exemple, la marche : à force de se tourner et de se retourner de toutes les façons imaginables, l'enfant change de position et de place tant de fois qu'il arrive, peu à peu, à ne plus méconnaître la relation existant entre ses mouvements et la direction, la distance de l'objet dont il a envie. Les diverses manières de diriger les membres et tout le corps vers une direction déterminée se coordonnent et s'impriment dans la mémoire, c'est-à-dire que les communications nerveuses entre le centre visuel et les centres moteurs des extrémités vont en se facilitant toujours et finissent par s'établir définitivement. Alors les mouvements des jambes et des bras se combinent et se suivent de façon à produire le déplacement général conforme au but actuel. L'enfant qui, pour se mouvoir, se sert d'abord de ses quatre membres, puis des jambes seulement, comme c'est le propre de l'espèce humaine, apprend bientôt à courir, à sauter, à danser sur un seul pied, etc... Qui se souvient pour son propre compte de ce long et pénible apprentissage, des milliers de chutes, de la persévérance qu'il a fallu y mettre pour vaincre toutes les difficultés? Tout cela est oublié; on n'en a plus conscience; bien plus, tout le mécanisme de la marche se déclanche à présent automatiquement, inconsciemment même, toutes les fois que le déroulement des représentations éveille chez l'individu le désir de se transporter ailleurs; sa conscience est alors occupée des motifs ou du but de ce déplacement, ou de tout autre chose, mais certes pas de la manière de mouvoir ses jambes; elles vont toutes seules et le détail de leurs mouvements est réglé par les impressions incidentes.

C'est ainsi que les réflexes acquis deviennent peu à peu aussi machinaux que les innés le sont dès le début, et on voit comment des mouvements d'abord voulus par le menu, finissent par devenir involontaires, automatiques, inconscients.

§ II. RÉFLEXES VISCÉRAUX

Nous avons, dans le paragraphe précédent, envisagé l'action réflexe comme mécanisme fondamental de la vie de relation; à ce point de vue, la *sensibilité* en est bien la seule source, proche ou éloignée, de même que la manifestation finale en est la réaction motrice, immédiate ou médiate, (c'est-à-dire répondant à une impression reçue au moment même, ou seulement à une série plus ou moins longue de représentations.) Mais, d'une part, il n'est pas indispensable que l'excitation soit *sentie* (consciente) ni qu'elle provienne d'objets étrangers à l'organisme, pour provoquer un acte réflexe : il suffit qu'elle soit amenée aux centres nerveux par des nerfs afférents, et qu'elle provienne d'une partie quelconque de l'organisme lui-même, d'une articulation, d'un muscle, d'un viscère, — car, *par rapport au système nerveux*, tous les organes qui ne lui appartiennent pas, sont des « objets extérieurs », ne se distinguant des autres que parce qu'ils sont reliés aux centres par des nerfs centripètes. D'autre part, il n'est pas nécessaire que la réaction soit une contraction desservant la vie de relation ; il suffit qu'un organe ou un tissu quelconque, le tissu glandulaire, par exemple, soit relié aux centres par des nerfs efférents (centrifuges) pour que l'excitation centrale puisse l'atteindre par ces nerfs ; l'effet de l'acte réflexe, avec ou sans immixtion de tissu musculaire, strié ou lisse, se produira alors dans la sphère de la vie de *nutrition*.

C'est ainsi que la fonction réflexe, éminemment « animale », étend son domaine à toutes les fonctions « végétatives » (chimiques) et que les organes de la nutrition exercent eux aussi une grande influence sur l'action réflexe, dans la vie de relation aussi bien que dans la vie de nutrition.

Voyons quelques exemples d'influence réflexe sur quelques fonctions nutritives, sur celles d'abord qui impliquent la participation du tissu musculaire : la fréquence et l'ampleur des respirations, la rapidité et la force du pouls, le calibre des vaisseaux, dont dépend la quantité de sang que reçoit telle ou telle partie du corps, subissent de ce chef des variations incessantes.

Les mouvements respiratoires sont effectués par des muscles striés, identiques aux autres muscles du squelette, mais qui, au lieu de produire une action appartenant à la vie de relation, desservent la plus urgente des fonctions de la vie de nutrition ; sans discuter ici la question, très complexe, de savoir si la *production* de chaque mouvement respiratoire est due, en tout ou en partie, à un acte réflexe, ou bien à l'action directe d'un sang plus ou moins veineux sur le centre respiratoire, il est certain que la respiration est constamment *modifiée* de mille manières par des influences réflexes. La plus légère de ces modifications consiste en un rythme plus ou moins rapide que la moyenne normale : d'une façon générale, toute sensation modifie ce rythme et, habituellement, elle l'accélère si elle est faible et le ralentit si elle est forte ; le froid rend la respiration plus profonde, la chaleur la rend plus superficielle ; l'oxygénation du sang peut à un moment donné devenir insuffisante, — par exemple lorsque la respiration est par trop diminuée sous le coup d'une douleur prolongée, tel qu'un mal de dents ; l'individu en éprouve un malaise et fait inconsciemment une profonde inspiration qui le soulage : *il soupire*. Sous le coup d'une douleur trop violente, on crie ; le cri n'est pas autre chose qu'une modification, plus compliquée que la précédente, des mouvements respiratoires : forte inspiration suivie d'une expiration active, avec rétrécissement de la glotte, suffisant pour faire vibrer les cordes vocales. Le langage articulé n'est pas autre chose, avec, en plus, des mouvements du gosier, de la langue et des lèvres. Nous n'en finirions plus si nous voulions énumérer et décrire ici toutes les modifications réflexes que peuvent subir les mouvements de l'appareil respiratoire, toutes ayant telle ou telle excitation périphérique ou centrale, consciente ou inconsciente, pour point de départ. Mais il sera utile de donner encore quelques exemples.

L'enfant naissant doit tout d'abord respirer ; le premier mouvement inspiratoire est, indubitablement, au moins en partie, réflexe ; en tout cas, l'innervation inspiratoire est préformée et entre en activité dès le moment de la naissance ; à partir de ce moment, les mouvements respiratoires subissent des modifications éventuelles, sûrement réflexes, nombreuses et importantes.

L'irritation de la muqueuse nasale provoque une vaste et puissante innervation d'un grand nombre de muscles (de la face, du thorax, de l'abdomen) dont la décharge constitue le petit cataclysme connu sous le nom d'*éternùment*.

Que la muqueuse de la glotte, du larynx ou de la portion supérieure de la trachée soit irritée, il survient une série de profondes inspirations et d'expirations interrompues, qui se répètent jusqu'à la disparition des causes irritantes. C'est là l'ensemble des phénomènes qui constituent la *toux*.

Une impression olfactive agréable produit l'action *de flâirer*: une série de longues inspirations interrompues, avec dilatation des narines.

L'impression d'un contraste, où la joie domine, provoque, proportionnellement à son intensité, une autre série de mouvements accompagnés d'expirations saccadées et sonores ; c'est *le rire*.

Toute impression désagréable, douloureuse, excite, dans un autre groupe de muscles et d'organes, une série de réflexes, qui produisent les *pleurs*, à partir des soupirs et du jaillissement des larmes jusqu'aux sanglots, résultats d'inspirations spasmodiques.

La sensation générale de fatigue, d'ennui ou de sommeil provoque le *bâillement*.

Beaucoup de sensations mettent en jeu par voie réflexe les muscles expirateurs et ceux des cordes vocales, d'où naît le *cri*, dont le caractère varie suivant sa cause ; car la plainte, le gémissement, l'exclamation, l'appel amical ou le hurlement de la colère dépendent toujours de la somme totale des sensations éprouvées à un moment donné.

Prenons encore quelques exemples dans le domaine de la digestion.

Le mécanisme de la *succion* fonctionne chez le nouveau né avec une précision et une énergie remarquables.

Le lait parvenu dans l'arrière-bouche y provoque le mouvement de la *déglutition*, dont le deuxième temps est extrêmement compliqué. La sensation produite par la réplétion du rectum met en jeu le mécanisme de la *défécation*, qui exige la coopération d'un grand nombre de muscles, de tous les muscles abdominaux et thoraciques qui prennent part à *l'effort*.

Certaines irritations du pharynx, de l'estomac ou du péritoine, ou la présence, dans le sang en circulation, de certaines substances aptes à agir directement sur les éléments centraux, provoquent la sensation de « nausée » ; elle agit d'abord sur la sécrétion des glandes salivaires et sur l'appareil de la déglutition ; puis, si elle devient plus intense, elle produit le *vomissement*, qui, lui aussi, est beaucoup plus compliqué que cela n'en a l'air, et exige l'intervention de nombreux muscles, dans un ordre et avec une énergie préétablis.

Tout ce qui précède s'applique également à la circulation du sang ; les battements du cœur (contractions du muscle cardiaque, « systoles ») n'ont pas besoin des centres nerveux pour leur *production*, puisque le cœur continue à battre, plus ou moins longtemps, même excisé, et que si, chez un animal vivant, on coupe ou on fait dégénérer tous les nerfs qu'il reçoit, il bat indéfiniment : mais, dans ce dernier cas, plus aucune influence extérieure ou cérébrale ne peut modifier le rythme ou l'énergie des pulsations : le cœur est séparé des centres, comme un muscle quelconque dont on a coupé le nerf, et est ainsi soustrait à toute influence réflexe. Les modifications incessantes que subissent au contraire ses battements lorsque les nerfs qui le relient au cerveau sont normaux, proviennent d'innervations réflexes de ses fibres modératrices ou de ses fibres accélératrices. Or, le cœur n'est pas un muscle du squelette et n'a même pas une structure franchement striée : ses cellules musculaires, ramifiées et anastomosées entre elles, sont une forme intermédiaire entre le muscle strié et le muscle lisse.

Dans les vaisseaux sanguins, le tissu musculaire est le seul en jeu ; leur tunique musculaire prédomine sur les autres tuniques au niveau des petites artères, des *artérioles*, avant qu'elles deviennent capillaires ; c'est l'état de contraction plus ou moins considérable ou de relâchement plus ou moins complet de ces éléments musculaires qui modifie constamment le calibre de ces vaisseaux, et par conséquent la quantité de sang qui irrigue l'organe où se produit une constriction ou une dilatation des vaisseaux ; s'ils se contractent, la pression du sang rencontre une résistance plus grande, le flux du sang se fait moins abondant et moins rapide, l'organe diminue de volume, pâlit et se refroidit ; si, au contraire, ils se relâchent, la pression du sang dilate les vaisseaux, le flux du sang devient plus abondant, l'organe augmente de volume, rougit et s'échauffe. En règle générale, les vaisseaux se dilatent *dans tout organe qui devient actif*: les anciens l'avaient déjà remarqué et disaient : « ubi stimulus ibi affluxus ». L'activité augmente les phénomènes chimiques dans un tissu quelconque, qui alors a besoin de plus de matériaux disponibles ; aussi, lorsqu'il devient actif sous l'impulsion des nerfs qu'il reçoit des centres, les nerfs vasodilatateurs de ses vaisseaux augmentent-ils en même temps sa circulation : il se congestionne. Et c'est en partie parce que sa circulation augmente qu'il s'échauffe, mais en partie aussi parce que les réactions qui dégagent de la chaleur augmentent pendant l'activité : une glande qui sécrète rapidement et copieusement, devient quelquefois plus chaude que le sang qu'elle reçoit ; et la pression du produit de la sécrétion dans le conduit excréteur devient quelquefois plus forte que celle du sang dans l'artère.

La sécrétion n'est donc pas un simple acte de filtration ou de diffusion ; le protoplasma des cellules glandulaires est le siège d'une activité intense pendant le travail de la glande. Or, il ne suffit pas, pour provoquer son activité, que la glande reçoive plus de sang, il faut que le protoplasma des cellules sécrétantes soit excité, précisément comme il faut que la substance contractile d'un muscle le soit pour que celui-ci se contracte ; seulement, tandis que l'irritabilité spéciale du tissu musculaire fournit une réaction mécanique, celle du tissu glandulaire en fournit une chimique. Il est en effet démontré aujourd'hui, pour certaines glandes du moins, et cela est vrai, sans doute, pour toutes, qu'elles reçoivent des nerfs qui sont vis-à-vis d'elles ce que les nerfs moteurs sont vis-à-vis des muscles : ils doivent leur amener l'excitation qui éveille l'irritabilité spécifique de leurs cellules. Habituellement, dans une glande qui entre en activité, les deux influences réflexes, vasodila-

tatrice et sécrétoire, se produisent en même temps ;
et cela se comprend, car un afflux considérable du
sang est nécessaire pour fournir aux cellules glandulaires les matériaux qu'elles doivent modifier et
expulser et surtout le véhicule, l'eau, qui doit dis-
soudre, diluer et entraîner le produit de la sécrétion. C'est ainsi, par exemple, que l'élévation de
la température extérieure, ou une légère augmentation de la température intérieure à la suite d'un
exercice musculaire suffisamment violent, produisent la congestion de la peau et, en même
temps, une sécrétion copieuse de sueur ; c'est là,
nous l'avons vu dans une de nos premières causeries, le grand moyen de résistance de l'organisme
aux températures élevées. Mais les deux phénomènes peuvent être disjoints et le sont effectivement dans certains cas : on connaît, d'une part,
la *chaleur sèche* de la peau très congestionnée
des fébricitants ; les vaisseaux cutanés sont dilatés,
mais les glandes sudoripares ne fonctionnent pas ;
d'autre part, les personnes sur le point de s'éva-
nouir, de même que les agonisants au moment de
mourir, sont extrêmement pâles, leur peau est
froide et exsangue, soit par constriction vasculaire,
soit par forte chute de la pression sanguine ; et
pourtant leur visage se couvre de grosses gouttes
de sueur ; la congestion manque et néanmoins les
glandes sudoripares fonctionnent. Ces phénomè-

nes peuvent être reproduits expérimentalement, surtout pour la glande sous-maxillaire, une des principales glandes salivaires : sur un animal empoisonné par l'atropine, qui paralyse plus particulièrement les nerfs sécrétoires, on peut provoquer la congestion de la glande, en excitant ses fibres vasodilatatrices, sans obtenir de sécrétion, et, inversément, on peut produire la sécrétion en excitant les fibres sécrétoires dans des têtes séparées du corps, donc totalement exsangues; il est clair qu'alors le produit est plus dense et beaucoup moins copieux, puisque la source en est tarie. Dans les conditions normales, les réflexes glandulaire et vasculaire ont lieu en même temps.

Qu'est-ce qui met alors ces réflexes en train ? Dans les glandes salivaires se passent continuellement des phénomènes bio-chimiques qui aboutissent à la production de la salive ; mais cette production est lente et peu copieuse, à peine suffisante pour humecter la bouche, et ne provoquant que de rares déglutitions, tant que la glande est *au repos*, — repos toujours relatif, jamais absolu; mais qu'une substance sapide vienne en contact avec la langue et produise une sensation gustative, immédiatement les glandes salivaires déversent un flot de salive ; les sensations d'aigre et d'amer sont celles qui jouissent au plus haut degré de cette propriété de servir de point de départ au réflexe salivaire. C'est pendant la mastication de substances sapides que la salive coule surtout avec abondance : la muqueuse buccale est alors le siège d'impressions tactiles et gustatives étendues.

Toutes les glandes sont ainsi sous l'influence des centres nerveux ; on a, par exemple, constaté sur des chiens à fistule stomacale que les impressions qui produisent un flot de salive, produisent aussi un flot de suc gastrique ; Pawloff a vu du suc gastrique perler à la surface de la muqueuse stomacale à chaque mouvement de déglutition ; mais cette muqueuse ne se congestionne fortement et ne sécrète copieusement que lorsque les aliments s'accumulent et séjournent dans l'estomac.

Inversement, une foule de sensations vagues, à peine conscientes, ou d'excitations tout à fait inconscientes, fournies par l'état momentané de tel ou tel viscère ou de tout l'organisme, exercent une influence plus ou moins forte sur l'intonation générale de l'activité réflexe, ou en modifient la marche et l'effet final. Tels les *besoins organiques*, faim, soif, etc... Nous y reviendrons dans la prochaine causerie.

§ III. RÉFLEXES INTERCENTRAUX

Nous avons vu, dans la causerie précédente, que la sensibilité est la source de la motilité et comment elle la régit ; nous allons voir maintenant qu'elle joue exactement le même rôle vis-à-vis de l'activité psychique ; il m'importe ici non pas d'indiquer les diverses formes de celles-ci (cela concerne la psychologie), mais de *prouver* qu'elle est une forme d'*action réflexe*.

Tous nos mouvements, toutes nos actions n'ont, en effet, pas toujours pour source unique ou immédiate les impressions extérieures qui frappent actuellement nos organes des sens ; ce rapport direct entre la sensibilité et la motilité suffit à la rigueur pour l'activité élémentaire des animaux inférieurs, mais, à mesure que l'évolution perfectionne les organismes et que l'activité de ceux-ci se complique, un nouveau facteur vient s'interposer entre l'action du monde extérieur sur l'être vivant et la réaction de ce dernier ; c'est la sphère des représentations, des sentiments, de l'intelligence, de la volonté, — bref, de la vie *psychique* : chez les animaux supérieurs, chez l'homme surtout, ce facteur prend une importance telle, qu'il semble à lui seul provoquer nos actions et diriger

notre conduite, les impressions extérieures s'effa-
çant devant lui, et ne servant plus qu'à guider
l'exécution des mouvements impliqués dans les
actions entreprises indépendamment d'elles et inspirées par les représentations dominantes. Mais
cette activité psychique n'est pas quelque chose
d'*essentiellement* différent de la sensibilité; elle en
est un épanouissement, d'autant plus riche et
touffu que l'animal est plus haut placé sur l'échelle
zoologique, que ses centres nerveux encéphaliques
acquièrent un développement plus considérable;
si c'est elle qui actionne et guide les mouvements
complexes des animaux supérieurs, conformément
aux souvenirs ou aux prévisions qu'elle déroule
dans leur conscience, elle n'en est pas moins ac-
tionnée et guidée par la sensibilité. C'est ce que
nous avons à montrer à présent.

Nos organes des sens reçoivent les impressions
extérieures et nous procurent les différentes qualités de sensations que nous sommes aptes à
éprouver; mais ces organes ne sont pas ceux qui
sentent ces impressions; elles ne sont senties que
dans les parties correspondantes des *centres* nerveux, dans les centres sensitifs ou sensoriels. Les
organes des sens (l'œil, par ex.), transforment les
impulsions extérieures (la lumière) en activité nerveuse; celle-ci, une fois éveillée, au niveau des
terminaisons périphériques des nerfs sensitifs, se

propage de proche en proche le long de ces nerfs, qui la conduisent aux centres nerveux et éveillent ainsi l'activité de ces centres ; et c'est uniquement cette activité centrale qui est éprouvée par l'individu comme *sensation consciente*, — à la condition, toutefois, d'avoir une intensité et une durée suffisantes. Tant que le centre nerveux n'est pas actif, on n'éprouve rien, quand bien même la périphérie le serait ; vice-versa, on éprouve les sensations correspondantes toutes les fois que le centre devient actif, même indépendamment de la périphérie, ou en son absence.

Les centres sont inactifs dans les circonstances suivantes : dans le sommeil profond, sans rêves, lorsqu'après avoir dormi plusieurs heures on se réveille tout à coup avec l'impression qu'on vient seulement de s'endormir ; dans la narcose morphinique, dans l'anesthésie éthérique ou chloroformique, dans la syncope ou dans la commotion cérébrale ; dans tous ces cas, il n'y a aucune sensation, aucune conscience de quoi que ce soit, et, par conséquent, aucune réaction : aucun mouvement n'est plus provoqué, l'action réflexe est supprimée, tous les muscles sont relâchés, la motilité ne se rétablit qu'avec le retour de la sensibilité. Au cas où tel ou tel centre a été détruit par un processus pathologique, ou par une intervention chirurgicale, ce sont les sensations dont il était l'organe qui manquent, et cela pour toujours.

La périphérie peut être inactive pour différentes raisons : absence d'impressions se rapportant à tel ou tel autre sens (obscurité, pour l'œil) ; destruction, par une maladie, un accident ou une opération, de l'organe périphérique (œil crevé) ; enfin, interruption pathologique, accidentelle ou chirurgicale, du nerf qui relie cet organe eux centres nerveux (section du nerf optique). Or, dans tous ces cas, les centres, qui ne peuvent plus recevoir aucune impulsion du dehors, mais qui sont intacts, *peuvent encore entrer en activité*, et, lorsqu'ils le font, l'individu éprouve les sensations correspondantes ; c'est ainsi que les amputés sentent quelquefois l'extrémité absente, surtout en rêve, les aveugles ou les sourds voient et entendent en rêve, de même, d'ailleurs, que les personnes normales, alors que leurs yeux ou leurs oreilles ne reçoivent aucune impression lumineuse ou sonore ; l'état de veille n'exclut nullement la participation à nos états de conscience d'une foule de sensations qui s'ajoutent à celles que le milieu ambiant éveille effectivement en nous, qui modifient la réponse de l'organisme aux impressions du moment, et qui provoquent des séries d'actions sans lien immédiat avec ces impressions, d'autant plus indépendantes d'elles, que l'état de conscience qui dicte notre conduite résulte d'une série plus complexe et plus longue de représentations.

En quoi les sensations dues à l'activité centrale diffèrent-elles de celles qui proviennent d'une impression extérieure ? On appelle les premières *subjectives*, par opposition aux dernières, dites *objectives* ; ces deux expressions sont aussi défectueuses l'une que l'autre: la première est un pléonasme, la seconde est une contradiction. Ainsi que nous l'avons déjà dit dans notre première causerie, toute sensation est en effet un phénomène absolument subjectif ; seul, le sujet qui l'éprouve en a une connaissance immédiate, chacun ne connaît que ses propres sensations, et nul ne peut éprouver, comme telles, les sensations d'autrui ; il peut seulement s'en faire une idée approximative, et cela uniquement parce que les autres expriment ou manifestent leur sensation de la même façon dont il exprime les siennes. Aussi la distinction en sensations « objectives » et « subjectives » ne se rapporte-t-elle point *aux sensations elles-mêmes*, mais, à *leur origine extérieure ou intérieure* : on nomme « objectives » les sensations qui ont pour origine immédiate les impressions produites actuellement par des objets extérieurs sur nos organes des sens ; et on appelle sensations « subjectives » celles qui ont pour origine une activité des centres, se produisant indépendamment de la périphérie et pour lesquelles les impressions extérieures sont seulement une cause indirecte et lointaine. Notre conscience est constamment occupée par ces deux ordres de sensations, qui prédominent à tour de rôle l'un sur l'autre ; et nos actions sont inspirées et guidées tour à tour par l'un ou par l'autre ; c'est pourquoi elles ne correspondent pas toujours aux impressions actuelles fournies par les sens, et semblent quelquefois en être tout à fait indépendantes.

La distinction entre la simple sensibilité et l'activité psychique est donc celle-ci : la *sensibilité* est constituée par l'ensemble de nos sensations objectives et nous renseigne sur ce qui se passe autour de nous ; la *psychicité* est constituée par l'ensemble de nos sensations subjectives et nous renseigne sur ce qui se passe au-dedans de nous. Ajoutons que, pour être normale, l'activité psychique doit être suscitée et guidée par la réalité objective ou par des données précédemment fournies par cette réalité ; en effet, dès qu'elle s'en affranchit, elle erre à l'aventure et frise, par excès de mobilité ou par excès d'immobilité, l'extravagance ou l'insuffisance, la folie ou la bêtise. C'est absolument comme pour la motilité : affranchie de la sensibilité, elle ne produit pas de mouvements du tout, ou bien elle en donne de désordonnés qui s'effectuent en pure perte, comme dans les convulsions.

La *psychicité* est donc, comme la motilité, reliée à la sensibilité et a en elle sa source et son guide ; elle consiste, pour nous résumer en une seule phrase, en *groupes et en séries de sensations subjectives*, éveillées et guidées, directement ou indirectement, par les groupes et les séries de sensations objectives, présentes ou passées.

Peu de mots suffiront à présent pour en comprendre le mécanisme physiologique :

Tout centre sensitif est relié non seulement aux centres *moteurs*, par l'intermédiaire desquels il peut provoquer des *mouvements* réflexes directs, mais aussi *avec tous les autres centres sensitifs*, de telle sorte qu'au lieu de mettre en activité un centre moteur, il peut, selon les circonstances, mettre en activité chacun des autres centres sensitifs, — l'un quelconque d'entre eux, ou plusieurs, et donner lieu ainsi aux sensations correspondantes ; l'action réflexe aboutit, dans ce cas, non plus à la production de mouvements réflexes, mais à celle de *sensations réflexes*. La sensation réflexe n'est que la reviviscence d'une sensation précédemment éprouvée ; elle est le phénomène psychique élémentaire, celui qui constitue la *mémoire*, faculté primordiale, sans laquelle aucune vie psychique n'est possible ; son apparition est soumise à certaines règles, dont la principale est celle-ci : lorsque plusieurs sensations ont été à plusieurs reprises éveillées en nous par le même objet et que nous avons ainsi *pris connaissance* de cet objet, il suffit que l'une de ces sensations soit de nouveau *présentée* à notre sensibilité pour éveiller, par action réflexe, les autres, celles qui l'ont habituellement accompagnée ; nous nous les *représentons* alors, comme on dit, et cette représentation des différentes manières dont l'objet peut affecter nos sens nous permet de *reconnaître* cet objet — sans quoi notre savoir ne pourrait faire aucun progrès, et toute éducation serait impossible.

Que nos yeux tombent, par exemple, sur un morceau de sucre ; nous n'éprouvons de ce fait qu'une impression *visuelle*, un petit carré blanc, grenu, brillant ; mais cette sensation visuelle éveille immédiatement en nous la sensation réflexe correspondant à la manière dont le sucre affecte notre *toucher* (dureté, friabilité, poids, etc.), et surtout de la façon la plus saillante dont il impressionne un autre de nos sens, *le goût*, et nous avons la représentation de sa saveur douce. Mais il y a plus : dès notre première enfance, on s'est attaché à relier dans notre sensibilité l'impression visuelle, tactile et gustative du sucre avec une impression auditive : on en a accompagné la présence de certains sons, de ceux précisément qui constituent le mot « *sucre* » ; il s'ensuit que la palpation, la vision ou la gustation d'un morceau de sucre éveille immédiatement en nous la sensation *auditive* correspondante ; nous connaissons alors non seulement l'objet lui-même, mais aussi le signe phonétique, le *nom*, par lequel on le désigne, et nous apprenons peu à peu à prononcer ce nom, à parler. Plus tard, on s'est attaché à nous montrer comment on indique au moyen de signes graphiques les différents sons dont se compose le langage articulé, et nous avons appris ainsi que les traits s u-c-r-e sont le symbole du son « sucre » qui, lui, est le symbole d'un objet apte à produire certaine sensation visuelle, tactile et gustative. Dès lors, le sucre n'est plus pour nous simplement le groupe sensationnel triple : *dur, blanc et doux*, mais un groupe sensationnel quintuple : sensation *tactile* de dur, sensation *visuelle* de blanc, sensation *gustative* de doux, sensation *auditive* du mot « sucre » prononcé et sensation *visuelle* du mot « sucre » écrit ; — ce groupe est, à force de répétition, fonctionnellement relié de telle sorte qu'il suffit que l'un de ses cinq membres soit « présenté » à la sensibilité pour que les trois autres soient immédiatement « représentés » dans la conscience et nous fournissent ainsi la *notion* du sucre ; il suffit, par exemple, de voir le symbole graphique pour entendre en soi, comme un léger murmure, le symbole phonétique correspondant et pour éprouver en même temps un pâle reflet des sensations visuelles, tactiles et gustatives que l'objet symbolisé est apte à nous fournir ; et vice-versa : l'une quelconque de ces sensations, réellement éprouvée, éveille la représentation du symbole phonétique ou graphique de l'objet qui nous la fournit habituellement.

Dans l'activité psychique de l'homme, la *symbolique* l'emporte souvent sur les qualités offertes par les objets ; plus l'enfant est développé, plus la race est civilisée, plus l'individu est cultivé, plus aussi cette symbolique articulée ou écrite gagne en importance dans ses raisonnements et ses réflexions ; son esprit finit par ne plus travailler qu'au moyen de cette sorte d'algèbre intellectuelle, et c'est là ce qui permet à son activité psychique de s'élever de la simple perception et de la connaissance pratique et empirique des objets, à la pensée abstraite.

Mais, encore une fois, il est indispensable que cette activité ne perde jamais le contact avec la réalité objective, qu'elle se retrempe fréquemment à cette source première et exerce ainsi un incessant contrôle sur elle-même ; car si elle s'émancipe au point d'accorder une importance exagérée à ses propres fantasmagories subjectives, elle se perd fatalement dans le monde des erreurs, des opinions mal fondées, des préjugés, ou finit par tomber dans le domaine de la psychiatrie : des idées préconçues aux idées fixes, de celles-ci aux aberrations de l'aliéné, sur lequel la réalité n'a plus aucune prise, — il n'y a que des nuances imperceptibles.

Ainsi, en conclusion : l'activité psychique est constituée par *des groupes et des séries de sensations réflexes, éveillées et guidées* par les groupes et les séries de sensations objectives, et qui, ensuite, *s'éveillent et se guident* à leur tour réciproquement, conformément à certaines règles connues sous le nom de *lois de l'association des idées.*

VIII

INFLUENCES RÉCIPROQUES

DU PHYSIQUE ET DU MORAL

Notre étude des différentes formes de l'action réflexe nous a montré 1º que le flot centripète d'activité nerveuse provient de deux sources : du *monde extérieur* et des *différentes parties du corps* ; 2º que ce flot, une fois arrivé à la substance nerveuse centrale, se déverse de nouveau vers la périphérie, où il produit deux sortes d'effets : des effets *mécaniques*, appartenant à la sphère de la vie de relation, et des effets *chimiques*, du ressort de la vie de nutrition ; 3º qu'une partie de ce flot n'est pas directement réfléchie, et ne produit pas de réaction extra-centrale immédiate, mais s'attarde et se perd dans le labyrinthe cérébral, où elle est répercutée, de mille manières, d'un centre à l'autre et suscite chemin faisant le monde des représentations, — constituant ainsi la vie *psychique*; celle-ci finit quand même toujours par se déverser à la périphérie et par y produire des effets musculaires ou des effets viscéraux, mais elle ne le fait qu'indirectement, et à plus ou moins longue échéance.

La connaissance de l'action réflexe dans toute son étendue nous enseigne donc qu'il y a action et réaction incessantes non seulement entre le monde extérieur et l'organisme, mais aussi entre le « corps » et l'« âme » du même individu. Les influences extérieures qui agissent sur nous sont toutes physiques, et pourtant ce sont elles qui éveillent et guident notre vie psychique; celle-ci, à son tour, provoque et guide nos mouvements, notre conduite et nos actions, qui sont des phénomènes physiques. Le physique agit donc sur le « moral » et celui-ci agit à son tour sur celui-là; toute la vie de relation est une démonstration de cette continuelle métamorphose de faits physiques en faits psychiques et vice-versa. De plus, sans sortir des limites de l'organisme individuel, il y a, en lui-même, un jeu incessant d'influences réciproques entre le moral et le physique: nos sentiments, nos pensées modifient la marche des fonctions nutritives, de même que l'état somatique général ou local modifie sans cesse la marche de la vie psychique.

Ces influences réciproques *du physique et du moral* sont implicitement contenues dans notre étude de l'action réflexe, et j'ai dû à plusieurs reprises y faire allusion en passant ; mais leur importance théorique et pratique est trop grande pour ne pas y revenir avec plus de détail, afin de bien asseoir la conviction que l'esprit et le corps sont rivés l'un à l'autre par des liens tellement intimes et indissolubles, qu'il serait assurément plus simple et plus juste de les considérer, non comme deux choses essentiellement différentes, et néanmoins condamnées à marcher toujours *pari passu*, mais comme *une seule et même chose*.

Nous allons donc étudier, au moyen d'une série d'exemples, d'abord la façon dont les réflexes viscéraux sont modifiés par des influences psychiques, et puis la façon dont les phénomènes mentaux sont, eux aussi, modifiés par l'apport somatique, conscient ou inconscient, à l'activité du cerveau.

§ I. ACTION DU MORAL SUR LE PHYSIQUE

Lorsqu'un grain de sable ou un petit corps étranger quelconque, surtout s'il est dur, rugueux, anguleux, « tombe dans l'œil », il produit une sensation intense de cuisson, de picotement, de douleur ; immédiatement la conjonctive se congestionne et la glande lacrymale déverse un flot abondant de larmes. Voilà la forme simple d'action réflexe directe ; mais chacun sait qu'un chagrin, une émotion douloureuse ou une joie excessive produisent souvent exactement le même effet sur l'œil et sur la glande lacrymale, c'est-à-dire qu'un phénomène « purement psychique » peut provoquer un phénomène « purement physique ».

Ces influences du moral sur le physique sont beaucoup plus nombreuses, plus variées, plus étendues et plus profondes qu'on ne le croit généralement. Examinons quelques exemples.

Le point de départ habituel du réflexe salivaire réside, nous l'avons vu, dans les sensations gustatives ; mais pour éveiller le double réflexe vasculaire et sécrétoire qui met en train les glandes salivaires, il n'est pas nécessaire qu'une impression gustative agisse réellement sur la langue, il suffit que l'individu éprouve une sensation subjective, *réflexe*, semblable, — en d'autres termes, qu'il ait la *représentation* correspondante. Un homme, surtout s'il a des tendances gastronomiques, se promène dans la rue, et sent tout à coup l'odeur d'un mets favori, ou l'aperçoit à la vitrine d'un marchand de comestibles ; immédiatement il a l'« eau à la bouche », — c'est-à-dire que l'impression olfactive ou visuelle provoque par réflexe intercentral la sensation gustative correspondante, et celle-ci agit sur les glandes salivaires de la façon dont elle le fait lorsqu'elle est objective au lieu d'être réflexe.

On a constaté, par l'observation directe de la muqueuse stomacale, au moyen de larges fistules, que, dans ces cas, elle subit aussi l'influence de l'activité psychique : chez un chien affamé, auquel on fait flairer de la viande rôtie, on voit non seulement des gouttes de salive couler de la bouche, mais aussi des gouttelettes de suc gastrique perler à le surface de la muqueuse stomacale ; et on a vu la même chose chez l'homme. Pour ce dernier, il n'est pas nécessaire que l'impression initiale, olfactive ou visuelle, soit réelle ; il suffit que la sensation gustative correspondante soit éveillée par l'audition du symbole verbal ou par la vision du symbole graphique de l'aliment désiré.

Mais le moral peut aussi diminuer ou suspendre différentes sécrétions pour un temps plus ou moins long : les orateurs, peu habitués à parler en public, intimidés par l'auditoire, souffrent d'une grande sécheresse de la bouche ; cela arrive souvent aux candidats qui se présentent devant une commission d'examens : ils ont quelquefois la bouche tellement sèche qu'ils ont de la peine à articuler les mots, — surtout s'ils s'aperçoivent que l'examen prend une mauvaise tournure. —

Une dame apprend, au moment de se mettre à table, la mort subite d'une personne qui lui est chère ; l'émotion lui coupe l'appétit, elle ne peut rien manger ; toute tentative d'avaler quelque chose produit un effort de vomissement ; pendant plusieurs jours elle rejetait même le lait et le bouillon qu'elle s'efforçait de prendre ; enfin elle les garda, mais il fallut plusieurs semaines pour que les aliments solides ne fussent pas rendus indigérés : la violente émotion avait produit chez cette dame une véritable dyspepsie, en mettant hors d'activité les glandules de la muqueuse gastrique.

Certaines émotions ont un effet immédiat, quelquefois irrésistible, sur les mouvements de l'estomac et de l'intestin ; une peur intense accélère considérablement la péristaltique intestinale, et produit ainsi la proverbiale diarrhée des poltrons. Chez des personnes souffrant habituellement de constipation, on a souvent remplacé, à leur insu, les pillules purgatives qu'elles avaient prises pendant quelque temps, par des boulettes semblables de mie de pain, — et l'effet a continué à se produire ; on parle dans ces cas de l'influence de « l'imagination », sans se douter que l'imagination n'est pas autre chose qu'une série de représentations, qui, lorsqu'elle a une forme définie, produit des réflexes définis ; avec ce dernier exemple nous touchons à la « suggestion », dont le méca-

nisme est exactement le même. C'est ainsi que le
chloral, chez des personnes exposées aux insom-
nies, a été peu à peu rémplacé par de l'eau pure,
qui a parfaitement produit l'effet sommifère recher-
ché ; c'est que la forte conviction qu'on *doit* dormir, qu'on *va* dormir est souvent à elle seule suffisante pour amener le sommeil. Il faut ou une in-
digestion, ou la présence dans le sang d'un
vomitif, pour éveiller le réflexe très compliqué du
vomissement ; n'empêche que l'imagination, la
suggestion, l'autosuggestion peuvent aussi faire
vomir, sans qu'aucune cause extérieure ou matérielle soit en jeu. Une personne avait à plusieurs
reprises déclaré que jamais elle ne mangerait de
viande de cheval ; elle trouvait cela dégoûtant et
était persuadée qu'elle ne pourrait pas la digérer
et la rejetterait ; on se mit d'accord pour l'inviter
à un dîner où l'on servit du cheval à son insu ;
elle mangea comme les autres, et trouva la viande
excellente ; deux heures après le repas, un des
convives eut la malencontreuse idée de lui révéler
le secret : elle fut immédiatement prise de vomis-
sements et rejeta tout son dîner ; excellent exemple d'autosuggestion.

Toutes les modifications de la respiration et de
la circulation dont nous avons parlé à propos des
réflexes viscéraux, se produisent sans cesse, con-
sciemment ou inconsciemment, sous l'influence

des sentiments, des émotions, des passions, — et même, à un moindre degré, de la froide pensée. Tout le monde sait combien facilement on devine l'agitation intérieure d'une personne au rythme et à l'ampleur de ses mouvements respiratoires; bien des secrets du cœur ont été trahis par les excursions plus fréquentes et plus étendues du thorax. Les sentiments agréables et joyeux produisent en général une légère accélération de la respiration; les sentiments tristes et pénibles, les soucis de toutes sortes, la rendent au contraire plus lente et plus superficielle, à tel point que l'échange gazeux devient insuffisant et que la gêne qui en résulte, une vague oppression, dont on ne se rend même pas compte, provoque alors une longue et profonde inspiration, — un soupir. Le même phénomène se produit lorsqu'on est absorbé par un spectacle qui s'empare entièrement de vous, par une lecture, une leçon, une œuvre d'art, — ou par ses propres réflexions; mais comme, en général, il est plus fréquent sous l'influence de la tristesse, on le prend, d'habitude, chez autrui, pour l'expression d'une « peine de cœur ».

La rougeur et la pâleur émotionnelles sont aussi très fréquentes : la honte, la pudeur, la timidité font rougir la figure et, souvent, perler de grosses gouttes de sueur au front, à la lèvre supérieure : c'est un réflexe vasculaire, vasodilatateur, limité à

la peau de la face, et, quelquefois, en même temps
un réflexe glandulaire sudoral. Il y a des gens
pour lesquels la facilité avec laquelle ils rougissent,
surtout en présence d'étrangers, est une vraie ca-
lamité : la crainte de rougir, l'idée constante qu'ils
vont rougir, les y expose encore davantage. —
On pâlit moins fréquemment et moins rapidement
qu'on ne rougit ; pour produire au visage le réflexe vasoconstricteur, qui rend la peau plus ou
moins exsangue, il faut des émotions plus fortes,
angoissantes ; la peur coupe la respiration, fait pâ-
lir, accélérer le pouls, et donne, en outre, la chair
de poule, — contraction des éléments musculaires
qui redressent les poils ; très intense, elle produit
le tremblement général, dû à de petites contractions irrégulières des muscles du squelette, et l'effet intestinal bien connu.

La colère modérée congestionne fortement la
tête ; la colère violente donne à la face une pâleur
livide, effrayante Toutes les émotions altèrent
plus ou moins la voix : l'innervation motrice des
cordes vocales et les mouvements respiratoires
sont modifiés. Le rythme des battements du cœur
varie en général dans le même sens que la respiration, s'accélérant ou se ralentissant avec elle.
Le ralentissement peut aller jusqu'à l'arrêt complet, dû à une forte excitation réflexe des nerfs
inhibiteurs du cœur ; lorsque le ralentissement et

l'affaiblissement du cœur atteignent une certaine limite, l'individu pâlit, se couvre de sueur, a du vertige, chancelle, s'affaisse et s'évanouit. Toute émotion subite et trop vive peut avoir cet effet; les surprises douloureuses le produisent plus facilement que les joyeuses, mais il est toujours prudent de ne pas annoncer les nouvelles de grande importance, bonnes ou mauvaises, à des personnes tant soit peu impressionnables, sans les y préparer graduellement; on connaît bon nombre de cas de syncopes mortelles, survenues à l'annonce inattendue d'un accident, d'un incendie, d'un naufrage, de la mort d'une personne aimée que rien ne faisait prévoir ou du retour inopiné d'une personne que l'on croyait depuis longtemps perdue. Il y a quelques années, le maire d'un village appela un pauvre paysan pour lui annoncer qu'un parent parti 15 ou 20 ans auparavant pour l'Amérique et qui n'avait jamais donné de ses nouvelles, était mort, et laissait une grande fortune, dont lui, le pauvre paysan, était le seul héritier; — syncope profonde, et mort sans reprendre connaissance.

Dans certains cas, heureusement très rares, une longue préparation, et même la préméditation, ne suffisent pas pour éviter une telle issue. Voici un exemple frappant de ces cas : un jeune homme assistait à la représentation du dompteur italien

Faimali, très célèbre en son temps ; il le vit entrer pour la première fois dans la cage d'un tigre très féroce et non encore dressé ; enthousiasmé par le calme imperturbable de Faimali, le jeune homme conçut le projet d'entrer lui aussi dans la cage de ce tigre et en demanda la permission au dompteur ; celui-ci refusa net ; mais le jeune homme revint le lendemain et le surlendemain, en insistant toujours sur son désir, devenu une décision inébranlable ; devant cette persévérance, Faimali céda, mais il fut très prudent : il dit au jeune homme de revenir le jour suivant, s'il persistait dans son intention, et lui promit de faire alors un essai préalable ; il entra le premier, tenant l'imprudent par la main, l'observant, pour s'assurer si l'émotion n'était pas trop forte ; l'épreuve réussit à souhait et Faimali dit alors au jeune homme : « C'est bien, vous n'avez ni pâli, ni tremblé ; et votre pouls et votre respiration n'ont pas changé ; vous pouvez à présent entrer seul dans la cage. » Le jeune homme monta résolument les trois marches qui conduisaient à la porte grillée ; celle-ci s'ouvrit et il fit un pas dans la cage ; au même moment il tomba en avant, de tout son long ; on le retira à l'instant même, — mais il ne revint pas à lui, il était mort.

Il va de soi que l'action du moral sur le physique n'est pas toujours limitée à un seul système ou localisée dans un seul organe ; tout sentiment ayant une certaine intensité, toute forte préoccupation, affectent, simultanément, les différentes fonctions de la vie végétative, les uns plus que les autres ; la respiration et la circulation sont les premières modifiées, habituellement dans le même sens ; d'autres perturbations, en plus ou en moins, viennent ensuite compléter le tableau somatique de telle ou telle émotion.

Je voudrais, maintenant, montrer encore, par quelques exemples, que *l'état d'âme* d'une personne exerce souvent une action puissante sur toute la nutrition dans son ensemble. Le sexe féminin, moins résistant, plus sensible, subit toutes ces influences plus facilement que le sexe masculin. On sait combien l'amour heureux donne de vie aux traits et à l'expression, de souplesse au corps et à l'esprit ; mais qu'il rencontre des obstacles sérieux, que, par exemple, les parents — croyant bien faire sans doute, mais oubliant trop souvent qu'en fin de compte ce ne sont pas *eux* qui se marient — et voulant, à toute force le bonheur de leurs enfants, — s'opposent formellement à l'union ardemment désirée : la jeune fille, si elle aime vraiment, perd sa gaîté, devient triste et taciturne, impatiente et irritable ; elle n'a plus d'appétit, elle digère mal, elle ne dort pas ; elle pâlit, elle maigrit, elle est malade, — anémique, chloro-

tique, dyspeptique, hystérique ; les médecines ne
ne servent à rien, elles ne peuvent pas supprimer
la vraie cause du mal, l'action déprimante de la
souffrance morale sur toutes les fonctions de l'organisme : que l'on écarte les obstacles et tous les
symptômes morbides disparaissent comme par en-
chantement. Toutes les passions fortes et prolongées ont des effets semblables, plus ou moins
marqués, selon la nature de la passion et de la
constitution de l'individu. Les hommes y succombent moins aisément et moins visiblement, — à
moins que l'organisme ne soit déjà par lui-même
débile, trop impressionnable ou ébranlé par une
maladie cachectique ; on sait combien les soucis,
les chagrins, les préoccupations de toutes sortes,
sont funestes aux diabétiques, par exemple, chez
lesquels ils se traduisent immédiatement par une
augmentation du sucre éliminé et par une aggravation de l'état général.

Il n'est cependant pas nécessaire qu'un homme
soit malade, faible ou cacochyme pour subir ces
influences ; il suffit que le sentiment qui le tour-
mente soit extrêmement intense. Voici un exemple
frappant de ce genre :

Un Anglais, établi en Australie, avait à son ser-
vice un indigène appartenant à une tribu où règne
une singulière croyance : lorsqu'un homme perd
sa femme, il doit tuer une femme d'une autre tribu,

afin que l'âme de cette femme aille servir, comme domestique et esclave, l'âme de la défunte ; les hommes considèrent cet assassinat comme un devoir sacro-saint ; ceux qui y manquent sont déconsidérés et se méprisent eux-mêmes. Or, le sauvage, serviteur de l'Anglais, reçut un jour la nouvelle qu'au village sa femme était morte ; immédiatement il annonça à son maître qu'il le quittait pour expédier à l'âme de sa femme une âme esclave. L'Anglais, indigné, essaya en vain de la persuasion et finit par déclarer à son homme qu'il le ferait surveiller, qu'à la moindre tentative de fuite il serait rattrapé, et que, s'il réussissait dans son abominable projet, il serait condamné à mort, pendu. Le pauvre diable sembla se résigner à son sort et renoncer à l'accomplissement de l'acte que sa conscience lui prescrivait pourtant et lui imposait comme un devoir ; mais, peu à peu, il devint triste, taciturne, distrait, négligea son ouvrage et se fit souvent gronder ; il ne mangeait presque rien, et dépérissait à vue d'œil. On le croyait tuberculeux et on s'attendait à le voir bientôt mourir ; mais un jour il disparut ; on le rechercha en vain, et l'on dut renoncer à le retrouver ; son maître supposa qu'il était allé mourir chez lui, mais qu'il était mort quelque part dans les bois et n'y pensa plus. Plusieurs mois s'écoulèrent sans nouvelles du fugitif ; on l'avait oublié, lorsque, un beau matin, il arriva transformé : sain, robuste, content, gai comme un pinson ; on devine ce qui s'était passé. — Dans cet exemple, c'est un phénomène *moral* dans le sens restreint du mot, qui a agi sur l'état somatique ; l'australien souffrait d'avoir manqué à ce qu'il envisageait comme son *devoir*, il était rongé de remords, obsédé par le sentiment de son indignité, par le mépris de lui-même, — et tout son organisme fléchit et risqua de se briser sous le poids de son repentir ; le « devoir » une fois accompli, la nutrition générale, délivrée de l'inhibition qui la tenait en échec, se rétablit rapidement et l'individu redevint normal. Nous sommes portés, nous, les civilisés, à regarder les « sauvages » du haut de notre grandeur ; combien y en a-t-il, cependant, parmi nous, qui prennent à ce point à cœur ce qu'ils appellent leur devoir moral ?

Un état d'âme peut aussi produire une perturbation aiguë des fonctions nutritives. Mon fils, médecin à Milan, est appelé auprès d'une jeune fille souffrant depuis quelque temps de fièvre quotidienne, assez forte ; chose étrange, les exacerbations n'avaient pas lieu le soir, comme c'est généralement le cas, mais le matin ; l'examen attentif de tous les organes ne révéla aucune lésion, aucun trouble quelconque ; quelques médicaments antipyrétiques ne produisirent aucun effet. D'où pouvait provenir la fièvre? A force d'interroger, mon fils apprit que, quelque temps auparavant, les parents, jaloux de l'affection passionnée de leur fille pour sa gouvernante, avaient congédié celle-ci du jour au lendemain, à l'insu de la jeune personne, et avaient interdit toute correspondance ; cela coïncidait avec le début de la singulière fièvre en question. A mal psychique, remède psychique : de bonnes paroles, de consolation et d'encouragement, l'assurance que ce n'était rien, la calme mais ferme affirmation que la guérison était imminente ; — la fièvre disparut sans autre. C'était donc bien une fièvre d'origine psychique, c'est-à-dire cérébrale ; ce cas est intéressant parce qu'il est un des rares exemples de vraie fièvre produite par une excitation des centres nerveux. Je citerai, dans le paragraphe suivant, un cas de fièvre intermittente de nature réflexe, avec une lésion viscérale pour point de départ.

§ II. INFLUENCES DU PHYSIQUE SUR LE MORAL

Les troubles somatiques matériels, locaux ou généraux, ont une très grande influence sur la vie psychique. Personne n'ignore combien les douleurs physiques, même celles qui n'ont aucune importance, pourvu qu'elles atteignent une cer-

taine intensité, affectent l'« humeur » des gens ;
un cor au pied, vraiment douloureux, suffit pour
rendre bien des personnes moins gaies et moins
aimables ; les douleurs violentes causées par une
névralgie, une migraine, une sciatique, une rage
de dents, un accès de goutte, changent toute la
manière de penser, de sentir et d'agir des malades :
ils deviennent grincheux, exigeants, impatients,
misanthropes et pessimistes ; ils refusent dure-
ment ce qu'ils auraient accordé hier, ce qu'ils ac-
corderont de bonne grâce demain ; ils trouvent
à redire à tout, rien ne les contente ; bref, leur
« caractère » est profondément altéré.

Mais il n'est point indispensable qu'un trouble
somatique soit douloureux, ni même conscient,
pour qu'il produise des effets semblables ; une
mauvaise digestion retentit immédiatement sur
la psyché du malade : les dyspeptiques sont, en
général, taciturnes, moroses, irritables ; la constipation prolongée suffit pour jeter un léger
voile sur l'humeur habituelle, jusqu'à ce que
l'évènement ait délivré l'intestin de son contenu
et, du même coup, les réflexes intercentraux de
l'oppression qu'une sensation viscérale, vague
et à peine perçue, exerçait sur eux : on est sou-
lagé, non seulement au physique, mais aussi au
moral. C'est surtout chez les enfants, et d'autant
plus qu'ils sont plus jeunes, que la moindre irré-

gularité dans la digestion stomacale ou intestinale, se répercute immédiatement sur leur manière d'être, sur toute leur conduite ; ils deviennent « capricieux », pleurnichent à tout propos, refusent les aliments qu'on leur offre, font des histoires pour se coucher, dorment mal, d'un sommeil agité, se réveillent et crient la nuit, recommencent des histoires impossibles pour se lever, font mal leurs devoirs, etc... Or, les troubles chroniques de la digestion sont très fréquents chez les enfants, et, généralement, on ne tient pas assez compte de l'influence qu'ils exercent sur le moral ; la plupart des parents, sans parler des bonnes et des institutrices, n'y comprennent rien, se fâchent, s'indignent, déclarent que c'est un vilain enfant, têtu, méchant, désobéissant, paresseux, etc... On le gronde, on le punit, ce qui le met de plus mauvaise humeur encore : on lui donne des gifles, on le fouette, ce qui l'exaspère, — car il n'y peut mais, et se croit la victime de violences imméritées et injustes ; tous ces moyens « pédagogiques » sont inutiles ou nuisibles ; ce sont des moyens *hygiéniques* qu'il faut, un régime spécial, un traitement médical. Une petite dose de salacétol, par exemple, donnée avec le dernier repas du soir, suffit souvent, en diminuant les fermentations parasites du contenu stomacal, pour procurer à l'enfant un sommeil tranquille et un bon lendemain.

Chez les adultes il n'en est pas autrement. Voici deux exemples destinés à montrer jusqu'où peut aller, dans quelques cas extrêmes, la perversion de l'activité psychique due à des troubles digestifs, fonctionnnels ou matériels ; on comprendra qu'entre ces cas extrêmes et l'état normal les passages intermédiaires sont innombrables ; il est souvent fort difficile, non seulement au public, mais même pour le médecin, de reconnaître qu'un trouble mental donné ne provient pas d'une maladie propre du cerveau, mais est un phénomène réflexe, dont le point de départ est viscéral, et qui disparaîtra dès que la cause aura disparu. Je tiens de première source les deux faits suivants :

1° Un garçon d'une douzaine d'années, très gentil et très bien élevé, adoré par ses parents, gens riches et distingués, commence à manifester tous les jours, quelque temps après le principal repas, une phase d'humeur singulière : il devient impoli, impertinent, grossier ; au bout de quelque temps, tout passe et il redevient aimable comme d'habitude ; peu à peu, les choses s'aggravent : lorsque l'accès le prend, il couvre ses parents d'injures ordurières, devient violent, refuse de se retirer, résiste de vive force au père qui veut le mettre à la porte. D'abord on l'a prêché, le père l'a grondé, la mère l'a supplié de se dominer ; puis on l'a puni : rien n'y a fait ; les parents, désolés, ont

commencé à croire que leur enfant devenait fou et
se sont décidés à consulter un médecin. Celui-ci
constata qu'après ses accès le garçon avait sommeil ; il s'étendait sur son lit, s'endormait, trans-
pirait profusément, et, au réveil, était non seulement revenu à son état normal, mais avait complètement oublié ce qui s'était passé pendant l'accès ;
le père raconta qu'un jour ayant voulu emmener
le garçon dans sa chambre, celui-ci s'était mis à
le frapper des poings et des pieds et à lui cracher
au visage ; il l'avait alors entraîné de force et cou-
ché sur son lit ; dès que le garçon fut étendu, il
s'endormit profondément, transpira beaucoup et,
une fois réveillé, ne put rien se rappeler de la scène
violente qui avait précédé le sommeil. Accès épilep-
toïdes, accès de folie furieuse, que sais-je ? C'était,
selon toutes les apparences, un sujet destiné à un
asile de maladies nerveuses et mentales. Or, après
avoir bien cherché et n'avoir rien trouvé, le médecin, qui était en même temps un physiologiste et
un psychologue, songea à la possibilité d'un trouble digestif purement fonctionnel ; il fit l'hypothèse
suivante : Admettons que la congestion réflexe
qui devrait se produire dans les vaisseaux des viscères abdominaux, dès le début de l'acte digestif,
ne s'y produise point et que, par une innervation
vicieuse, la congestion envahisse le cerveau ; voilà
qui expliquerait l'accès ; l'accès fatigue le malade,

qui s'endort : alors les réflexes prennent une autre
direction, celle de l'innervation des glandes sudoripares ; le malade transpire énormément, et, en
même temps, les réflexes reprennent la bonne direction, dilatent les vaisseaux abdominaux et tout
rentre dans l'ordre. S'il en est ainsi, que faire? Nous
n'avons malheureusement aucun moyen de forcer
les nerfs vasodilatateurs abdominaux d'entrer en
activité : par contre, nous connaissons un moyen
sûr de donner à l'innervation réflexe vicieuse une
direction qui en délivre le cerveau : nous pouvons
à volonté la lancer sur les nerfs sécrétoires des
glandes sudoripares, et produire ainsi, artificiellement, ce qui se produit spontanément à la fin de
l'accès : ce moyen, c'est l'injection souscutanée de
pilocarpine. — Le médecin se décida donc à
faire coucher le garçon aux approches du moment dangereux et à lui faire une injection de
pilocarpine : sudation profuse, sommeil, point
d'accès. Ce traitement fut continué pendant 10 à
12 jours, toujours sans accès ; alors on essaya de
sauter un jour ; — pas d'accès ; à partir de ce moment, on ne fit plus qu'une injection tous les deux
jours, puis tous les trois jours, eu diminuant peu
à peu la dose ; enfin, on cessa tout à fait : la guérison était complète.

2° Un homme robuste, d'âge mûr, qui avait beaucoup souffert de coliques hépatiques, commença

peu à peu à changer d'humeur et de caractère ; il devenait de plus en plus soucieux, triste, broyait du noir, avait des pressentiments lugubres : plus tard, il eut des accès d'abattement complet, de désespoir : il se désolait, pleurait, disant qu'il allait bientôt mourir ; la famille, effrayée, inquiète, n'y comprenait rien ; le médecin était perplexe : il constatait, dans la région du pancréas, une grosseur qui semblait due à la présence d'une tumeur ; il temporisa. Mais il y eut bientôt une aggravation de l'état mental : les lamentations, les pleurs, devenus presque continuels, étaient interrompus, de temps à autre, d'idées de suicide, et de tentatives, quelquefois violentes, de s'ôter la vie par différents moyens. La folie semblait se confirmer et s'établir, et il fut sérieusement question d'interner le malade dans un asile ; la famille y répugnait, ne se décidait pas et voulut attendre encore ; — fort heureusement, car un mieux inespéré se manifesta : le malade devint plus calme, cessa de vouloir attenter à ses jours, se plaignit et se lamenta moins ; il semblait revenir lentement à l'état normal, sans cependant que le trouble mental eût entièrement disparu ; les accès de folie devenaient seulement moins violents, moins prolongés, intermittents, de sorte que les périodes de calme et de lucidité devenaient au contraire plus fréquentes et plus longues. En observant attentivement le malade, on s'aperçut que ses accès se produisaient régulièrement quelque temps après les repas, surtout après le principal repas du jour; enfin il n'eut plus qu'un accès par jour, après le dîner, et, chose étrange, cet accès, de moins en moins grave d'ailleurs, se produisait à un moment de plus en plus éloigné du dîner. Le reste du temps, le malade était tranquille, reprenait sa manière d'être normale et son humeur enjouée, vaquait à ses affaires, — bref, semblait tout à fait rétabli. Les choses traînaient ainsi en longueur, lorsque, sans raison apparente, il éprouva un jour de grandes difficultés et de fortes douleurs pour aller à garderobe; avec beaucoup de souffrances et de grands efforts, il évacua enfin un objet très gros, dur, rugueux; le médecin, à son grand étonnement, constata que l'objet en question était un gigantesque calcul biliaire, de la grosseur, à peu près, d'un œuf d'oie. A partir de ce moment, le malade fut complètement guéri, n'eut plus d'accès de tristesse, revint absolument à son état normal, tel qu'il avait été avant sa longue maladie, et vécut encore plusieurs années en parfaite santé.

Ce cas est extrêmement intéressant à beaucoup d'égards; on peut maintenant reconstruire, après coup, l'origine et la marche de la maladie organique, ainsi que la funeste influence, purement réflexe, qu'elle avait exercée sur le moral du patient.

Les coliques hépatiques coïncident évidemment
avec la période de formation de l'énorme calcul ;
le début de la folie et sa période grave, coïncident,
à leur tour, très probablement, avec le passage
laborieux du calcul des voies biliaires dans l'intestin ; comment ce passage s'est-il effectué ? Mystère ; mais on suppose que la présence de ce corps
étranger autogène a entretenu dans les tissus
voisins une congestion et une inflammation chroniques, à la suite desquelles il s'est formé des
adhérences étendues et solides avec le duodénum ;
puis, peu à peu, ces adhérences, ainsi que les parois intestinales, se sont ramollies au milieu, sans
céder au pourtour ; de cette manière, il s'est produit une large perforation du duodénum, par
laquelle le calcul s'est enfoncé dans l'intestin. Son
arrivée dans l'intestin a, sans doute, délivré la région avoisinante de l'irritation qui la maintenait
enflammée, et l'inflammation s'est peu à peu dis-
sipée ; cette période coïncide, très probablement,
avec l'amélioration observée dans l'état mental du
patient. Enfin, après chaque repas, au moment
où les organes digestifs se congectionnent et entrent en activité, au moment où l'intestin commence à se contracter afin de pousser son contenu
en avant, la congestion fonctionnelle et les efforts
de l'intestin contre l'obstacle à la progression de
son contenu, éveillaient un trouble psychique, —

d'autant plus tardif et d'autant plus léger que l'obstacle se trouvait chaque jour un peu plus loin et avançait plus facilement. Enfin, le jour où le calcul fut rejeté, les troubles mentaux disparurent complètement : le cerveau, délivré de l'irritation centripète, viscérale, qui, sans être elle-même consciente, venait troubler la marché des réflexes intracérébraux, leur donner une intonation anormale et leur imposer une association d'idées morbide, reprit son fonctionnement normal.

Naturellement, tous les cas ne sont pas aussi simples et aussi clairs que les deux exemples que je viens de citer ; on ne découvre pas toujours la cause du trouble moral ou intellectuel, surtout si elle est purement fonctionnelle, ou bien on attribue les effets psychiques à une cause qui n'est pas la vraie, même si elle est matérielle. Il ne faut d'ailleurs pas oublier, d'une part, que je parle ici seulement des désordres mentaux *réflexes*, et non des maladies mentales résultant d'affections de la substance cérébrale elle-même, et, d'autre part, qu'une lésion ou un déséquilibre somatique quelconque n'agit pas *nécessairement* sur les réflexes intracérébraux, et les laisse souvent parfaitement indemnes, pour se décharger ailleurs. Les convulsions musculaires sont, en effet, en tant que décharge d'une excitation anormale des centres nerveux, l'équivalent du délire ; on pourrait appe-

ler celui-ci « convulsion psychique » et celle-là
« délire musculaire » ; dans les deux cas il s'agit
d'une crue plus ou moins désordonnée et tumul-
tueuse de réflexes exagérés ; aussi, le délire et les
convulsions se substituent-ils quelquefois l'un à
l'autre : l'hyperthermie fébrile, par exemple, produit généralement des convulsions chez les enfants
et du délire chez les adultes. Il y a dans ces influences réflexes une grande variété de formes :
une irritation périphérique, faible mais persistante,
peut produire des troubles purement psychiques,
comme chez l'homme au calcul ; elle peut aussi
produire des troubles purement moteurs, — comme
chez la fillette épileptique chez laquelle Dieffen-
bach, si je ne fais erreur, découvrit un petit fragment de verre, dans une ancienne cicatrice à la
paume de la main, et qui fut guérie par l'extrac-
tion de cette source permanente d'irritation, tandis
que son mal avait résisté à tous les traitements
essayés jusqu'alors, parce que, tous, ils en lais-
saient subsister la cause ; on connaît aujourd'hui
un grand nombre de cas où des lésions du crâne
ont, à plus ou moins longue échéance, produit
l'épilepsie (jacksonnienne) ; tels ceux décrits par
Horsley le premier, puis par beaucoup d'autres.
D'autres fois, il y a mélange de délire et de convulsions ; tel le cas du Dr Algeri : un jeune cri-
minel, qui, à la suite de coups reçus sur la tête,

est pris d'accès de délire accompagnés de convulsions cloniques, à forme épileptoïde, passant enfin
franchement à l'épilepsie. On le soumit à la tré-
panation ; on retira un fragment d'os, qui avait
glissé sous la calotte crânienne, sans léser le cerveau, et qui avait occasionné dans son voisinage
une méningite, point de départ de l'irritation réflexe du cerveau : guérison complète. Le Dr Bor-
doni a décrit le cas suivant, avec curieuse subs-
titution de réflexes simulant la fièvre à des réflexes
psychiques et musculaires : une robuste jeune
paysanne reçoit une forte contusion dans la région
de l'ovaire, sans lésions internes ; à mesure que
les suites immédiates du traumatisme se dissipent,
elle devient hystérique et a des crises violentes,
intermittentes, se renouvelant tous les deux jours ;
aucun traitement n'y fait ; un jour, au lieu de sa
crise habituelle, elle a un accès de fièvre, débu-
tant par un frisson et atteignant une hyperthermie
très élevée ; à partir de ce jour, elle eut toutes
les 48 heures un accès de fièvre, d'abord très forte,
puis modérée, et finit ainsi par guérir tout à fait,
aidée par l'administration de quinine ; il est à re-
marquer que l'*impaludisme* était exclu, dans ce
cas, autant par l'absence des signes généraux de
la fièvre paludéenne que par celle de ses signes
locaux, — notamment de la classique tuméfaction
de la rate. C'est donc bien d'une fièvre d'origine

nerveuse, réflexe, dont il s'agit et le cas, important à ce point de vue, est à rapprocher de celui de mon fils, que j'ai cité dans le paragraphe précédent.

Il me reste, pour compléter le tableau, à donner quelques exemples d'action d'un *état général* de l'organisme sur l'activité psychique. Je me bornerai à quelques-uns de ces états que produisent les *besoins organiques* et qui, sans être anormaux ou pathologiques, peuvent néamoins dans des conditions insolites, atteindre un degré d'acuité et d'intensité extraordinaire, et produire des perversions morales quelquefois épouvantables ; telles, la faim, la soif et l'asphyxie.

Un léger appétit met les gens en gaîté ; mais *l'appétit* est plutôt un phénomène spirituel que matériel : c'est la prévision du plaisir qu'on aura à se mettre à table, en agréable compagnie, de causer de choses et d'autres, et aussi de manger et de boire de bonnes choses. La *faim* est au contraire un phénomène purement matériel : c'est la pénible sensation révélant l'usure des matériaux du sang et le besoin impérieux de les remplacer ; plus elle augmente, plus aussi elle devient exclusive, accapare toutes les facultés de l'être, les concentre toutes sur une seule idée, devenue idée fixe : *manger*. Qu'on se souvienne des épouvantables scènes qui se passent entre naufragés affamés : ils deviennent féroces, s'entretuent pour le dernier pain, ou pour se manger les uns les autres, — et tous de braves gens, pourtant, incapables de faire du mal à une mouche, prêts à se jeter à l'eau pour sauver un camarade... à présent, ils l'assomment pour le dévorer... La soif, le besoin urgent d'absorber de l'eau, poussée au maximum d'intensité, produit les mêmes effets ; inutile d'insister. Je me souviens avoir lu quelque part, il y a longtemps déjà, une description poignante de l'agonie d'un certain nombre de prisonniers de guerre anglais, que les Hindous avaient enfermés dans une cave ; l'air n'y pénétrait que par un soupirail, placé au ras du sol, et qu'on pouvait à peine atteindre de la main ; la ventilation était insuffisante et l'air de la cave fut bientôt vicié ; les prisonniers convinrent qu'ils monteraient, à tour de rôle, sur les épaules les uns des autres, pour aspirer de l'air frais ; mais cela ne suffit pas, l'air se viciait rapidement de plus en plus et devenait irrespirable ; alors commença une lutte acharnée pour l'oxygène : tous se pressaient au soupirail, les plus faibles furent écartés, renversés, piétinés ; les cadavres s'amoncelaient au pied du mur ; les survivants montaient sur le tas de morts et de mourants... A demi asphyxiés, à demi écrasés, presque tous succombèrent ; seuls, quelques-uns des plus robustes survécurent.

Voilà ce que peuvent sur le moral de l'homme les besoins matériels du corps, poussés à leur limite extrême ; sans doute, la lutte pour l'existence n'atteint que rarement ce degré de férocité implacable, — mais, ici comme partout, il y a d'innombrables manifestations intermédiaires entre les cas exceptionnels et les cas ordinaires : le concours de nombreux candidats à une place avantageuse est, en miniature et sous une forme atténuée, un phénomène analogue ; toute convoitise ardente, toute âpre concurrence, tend à développer, plus ou moins, une orientation psychique dans le sens de l'exagération de l'égoïsme et à étouffer la voix des sentiments altruistes.

Je ne fais pas ici un mémoire spécial sur les influences pertubatrices que des troubles somatiques, généraux ou locaux, peuvent exercer sur la marche de l'activité psychique ; ce que j'en ai dit suffit pour montrer combien ces influences sont réelles, profondes et importantes ; j'ajouterai seulement que, comme elles peuvent avoir pour point de départ un organe quelconque, membre ou viscère, ou un état général de l'organisme tout entier, *elles sont extrêmement fréquentes*. Il est vrai qu'elles atteignent rarement les degrés d'intensité que j'ai voulu faire ressortir dans les exemples choisis ; mais on comprendra que pour la vie humaine, pour les relations sociales, pour la paix du ménage, une légère altération du caractère, et par conséquent de la manière de prendre les choses et d'y réagir, ont une portée immense ; si la cause n'en est pas comprise et supprimée, il en résulte presque fatalement des malheurs incalculables et irrémédiables ; il suffit que l'entourage prenne en mauvaise part les silences ou les répliques du malade, pour qu'on accuse celui-ci d'indifférence, de désobligeance intentionnelle, de méchanceté, de perfidie ; et pour peu qu'on se mette à vouloir « rendre la pareille », on l'irrite de plus en plus ; cela fait cercle vicieux, — les griefs et les rancunes se multiplient et s'enveniment ; tôt ou tard la catastrophe arrive : dislocation de la famille, séparation, divorce. Et tout cela pourquoi ? Parce qu'on n'a pas compris, dès le début, qu'il ne s'agit nullement d'une perversité de caractère native, qui se dévoile et se révèle enfin, mais d'une altération pathologique, qui disparaîtra dès que sa cause aura disparu ; un peu de patience, d'indulgence, de bonté, pour calmer, rassurer, remonter le moral, et un bon traitement, général ou local, pour guérir le corps, eussent évité les désordres et les malheurs qui s'en sont suivis.

Un médecin sérieux et consciencieux doit approfondir l'étude de ces rapports réciproques du moral et du physique et en avoir les enseignements toujours présents à l'esprit ; il pourra alors épargner à ses semblables bien des souffrances du corps et de l'âme, et se pénétrer de la dignité de sa profession, qui lui permet bien souvent d'être le confident, le conciliateur, l'éducateur, de ses malades et de leur entourage.

Au point de vue *théorique*, les faits dont nous nous sommes occupés dans cette causerie offrent aussi un intérêt considérable ; ils viennent en effet s'ajouter à tant d'autres, fournis par l'étude de l'évolution du monde organique et du développement individuel, et faire de plus en plus ressortir combien intimément et indissolublement le corps et l'âme sont reliés l'un à l'autre : ils naissent ensemble, ils se développent ensemble, ils agissent ensemble, ils se détériorent ensemble et ils disparaissent ensemble.

On ne peut expliquer cette continuelle communauté et simultanéité de vicissitudes, — bien plus : cette coexistence absolue, — que de deux manières : soit par une « *harmonie préétablie* » grâce à laquelle, dès le début et à tout jamais, deux essences différentes, l'une matérielle, l'autre spirituelle, feraient toujours au même instant les mêmes choses ; soit par l'*unité d'essence* de ce qui nous apparaît objectivement comme « corps » et subjectivement comme « âme ». Je ne veux pas revenir ici sur l'analyse du dualisme et du monisme que j'ai faite dans mon volume intitulé : *Le cerveau et l'activité cérébrale*[1] , je me bornerai à rappeler que toutes les difficultés insurmontables, inhérentes au dualisme, s'évanouissent complètement devant le monisme.

[1] Paris, J. B. Baillière, 1887 ; Introduction, p. 5 à 16.

LES CONDITIONS DÉTERMINANTES
DE NOS ACTIONS

§ I. L'ORGANISATION INDIVIDUELLE

Il est d'emblée évident que la condition fondamentale, déterminant le mode de réaction d'un
être vivant vis-à-vis des impressions extérieures,
est simplement l'*organisation* de cet être lui-
même ; le règne animal tout entier est la démonstration de ce fait ; lorsque les différences d'organisation entre deux animaux sont profondes,
même le vulgaire attribue à ces différences les
mœurs particulières à chacun d'eux ; qu'un inver-
tébré et un vertébré se comportent autrement,
cela semble à tout le monde aller de soi ; qu'un
poisson, un reptile, un oiseau et un mammifère
n'ont pas les mêmes goûts et les mêmes mœurs,

cela encore paraît « tout naturel » ; personne ne doute que si deux mammifères d'espèces différentes n'agissent pas de la même manière, c'est parce que leur organisation n'est pas la même. Mais on éprouve quelque difficulté à admettre cette corrélation intime entre la structure et la fonction lorsqu'on envisage des animaux très semblables ; et pourtant il est certain que la plus petite différence d'organisation entraîne nécessairement une notable différence de conduite ; plus le nombre des facteurs qui concourent à la formation d'un produit est grand, plus aussi la moindre variation de l'un d'entre eux impose un changement considérable du produit ; or, l'action réflexe étant un des phénomènes qui exigent le plus grand nombre de conditions concomitantes, on comprend que la plus minime variation de l'un de ses facteurs — de l'organisation — transforme profondément, quelquefois totalement, l'effet final auquel elle conduit.

Les chiens ont certainement tous une organisation fondamentale à peu près identique ; les diverses races de chiens ne diffèrent, en apparence, que par des caractères tout à fait secondaires : la taille, la forme du museau, la longueur des pattes, la qualité du poil ; en réalité, leurs organes profonds ne sont pas identiques non plus, leurs cerveaux, notamment, n'ont pas exactement la même

structure ; aucune de leurs particularités ne suffit
à elle seule pour caractériser telle ou telle race,
mais toutes ensemble elles constituent précisément
ce qui la distingue des autres ; or, à cet ensemble
anatomique correspond un ensemble physiologique, qui constitue la dissemblance des coutumes
et des aptitudes, de toute la manière de se comporter, de ce qu'on est convenu d'appeler l'*instinct*.
Des différences semblables, quoique sans doute
plus petites et plus subtiles, existent entre les individus de la même race : tel chien est meilleur
gardien ou meilleur chasseur que tel autre, plus
doux ou plus méchant, plus intelligent ou plus
bête, grâce à son organisation individuelle.

En serait-il autrement pour l'homme? Assurément non. L'espèce humaine offre, elle aussi, plusieurs races nettement séparées par des caractères
physiques, auxquels correspondent des caractères
psychiques dont les dissemblances se traduisent
par les diverses formes de civilisation que ces races ont produites, ou par l'absence de civilisation :
toute la manière de sentir, de raisonner et d'agir
des noirs, des rouges, des jaunes, des blancs, est
foncièrement différente. Parmi les nations euro-
péennes, les divergences anatomiques sont moins
tranchées ; aussi l'affinité psychique est-elle beaucoup plus grande ; n'empêche que, malgré les innombrables mélanges qui se sont produits dans le

cours des siècles, et malgré les infinies dissemblances individuelles, les peuples latins, germains, anglo-saxons et slaves ont conservé un cachet particulier, qui les distingue les uns des autres, et l'apport de chacun d'eux à la civilisation européenne, bien qu'elle soit actuellement en train de s'unifier et de se fondre graduellement, porte l'empreinte de ce cachet. — Enfin, deux individus du même pays, de la même famille si on veut, ne sont jamais *identiques* ; s'ils l'étaient, on ne pourrait pas les distinguer l'un de l'autre ; et encore, cela ne prouverait que l'identité des formes extérieures et nullement celle des organes profonds, de leur fine structure, de leur composition intime, de leur impressionabilité ; or, ce sont bien certainement les différences matérielles, anatomiques et chimiques, qui imposent les différences fonctionnelles, physiologiques et psychiques, et sont à la base des caractères, des tempéraments, des dispositions, des tendances, des préférences, des aptitudes de chacun : de même qu'on naît plus ou moins bien constitué au physique, robuste ou maladif, on naît plus ou moins bien doué au psychique, intelligent ou borné, calme ou violent, artiste ou mathématicien, porté à l'égoïsme ou à l'altruisme, etc.; on tient cela de la double lignée d'ancêtres paternels ou maternels.

Il est vrai que l'éducation, les exemples, les lois

et les convenances produisent peu à peu des défauts ou des qualités acquis et modifient ainsi les dispositions innées; il en résulte des mélanges psychiques qui diffèrent moins profondément les uns des autres, qui, grâce à cela, peuvent vivre côte à côte, mais qui jamais ne sont identiques, pas plus que les traits du visage. — Plus les conditions de naissance et d'éducation sont égales, plus aussi les individus seront semblables; il y a, en effet, généralement, une très grande ressemblance physique et psychique entre les jumeaux; toutes les circonstances qui concourent à la formation de leur individualité y contribuent. L'exemple le plus frappant que je connaisse d'identité presque complète entre deux personnes est celui de deux jumeaux, enfants illégitimes d'une mère anglaise, femme grossière, alcoolique, débauchée, tombée au dernier degré d'abjection; ils se ressemblaient à tel point qu'on avait de la peine à les distinguer, et la ressemblance de leur vie psychique, au point de vue intellectuel et moral, était aussi frappante que leur presque identité physique; dès l'enfance ils manifestèrent les mêmes goûts, le même esprit borné, le même caractère méfiant et violent, les mêmes penchants pervers et criminels; à force de soins, on parvint à les dompter plus ou moins, à les rendre moins dangereux pour leur entourage; mais ils conservèrent l'un pour l'autre une haine invincible, et chaque fois qu'ils se rencontraient, ils se jetaient l'un sur l'autre et se rossaient à tour de bras, sans aucun motif : c'était une haine instinctive, comme entre chien et chat.

Mais, dira-t-on, si notre manière d'agir dépend à tel point de notre organisation, comment se fait-il que le *même individu* puisse, à deux moments différents, se conduire de deux façons différentes en face des mêmes circonstances ?

Comme, dans ce cas, la différence d'*organisation*, dans le sens d'une donnée anatomique primordiale, est nulle, il faut chercher ailleurs la cause de cette diversité. Si, à deux moments différents, le cerveau réagit de deux manières différentes, c'est qu'à ces deux moments il n'est pas identique à lui-même : son organisation n'est, en effet, pas la seule condition de la marche des représentations et de l'innervation motrice à laquelle elles aboutissent : elle en représente l'état relativement fixe, résultat de l'évolution de l'individu et de la souche ancestrale dont il est issu ; mais cet état subit de continuelles oscillations et modifications, plus ou moins profondes et durables, sous l'influence d'une multitude de conditions ayant leur source soit dans le monde extérieur, soit dans l'organisme lui-même : ce sont, il est vrai, des modifications plutôt chimiques et dynamiques que mor-

phologiques, et, généralement, passagères ; ce
sont elles que l'on appelle habituellement les différents *états* du cerveau. Grâce aux recherches les
plus récentes, on commence à entrevoir que ces
états sont accompagnés de changements visibles
dans la structure intime des cellules nerveuses et
de leurs prolongements ; mais nous n'avons pas à
entrer ici dans ces détails histologiques ; il nous
suffit de constater que les réactions fournies par le
cerveau s'en ressentent immédiatement et ne sont
plus les mêmes en face des mêmes impressions.

§ II. L'ÉTAT DU CERVEAU

Bon nombre de poisons ont une action élective
sur les cellules cérébrales ; tels les narcotiques et
les anesthésiques. Lorsqu'ils sont mélangés au
sang en petite quantité (dose très différente pour
chacun d'eux), ils ont une action *stimulante* ; le
cerveau devient plus impressionnable, perçoit et
réagit plus vivement et fournit ainsi ces fantasmagories hallucinatoires, qui constituent le charme
fatal des « ivresses » correspondantes. — A dose
plus grande, ces mêmes substances exercent une
action *déprimante*, stupéfiante, soporifique, et finissent par supprimer totalement l'excitabilité des
cellules cérébrales ; le sommeil lourd et profond

qui envahit alors l'homme ou l'animal empoisonné
peut se terminer par la mort, si la dose est suffisante pour paralyser le centre respiratoire, le plus
résistant de tous.

L'action de l'alcool est de tous points comparable à celle de ces poisons ; lui aussi commence
par augmenter l'excitabilité du cerveau et produit
ainsi d'abord l'hilarité factice et la loquacité des
gens légèrement « lancés », puis une exagération
de leurs sentiments, bons ou mauvais, qui dominent alors l'intelligence et la conscience ; enfin,
lorsque la proportion d'alcool mélangé au sang
qui baigne et imprègne les éléments cérébraux
devient trop grande, lorsque ces éléments sont
trop profondément altérés par le contact avec une
solution trop concentrée de poison, leur excitabilité baisse rapidement, l'individu ne perçoit plus
nettement les impressions extérieures, y réagit
lentement, péniblement, et tombe dans un état
d'affaissement physique et moral, de profonde narcose, à respirations rares et insuffisantes, pendant
lequel il est absolument insensible et inerte, aux
confins de la mort par asphyxie, qui survient dès
que le poison a mis le centre respiratoire dans
l'impossibilité de fonctionner.

Si on survit à de telles intoxications, c'est parce
que le troc matériel élimine peu à peu le poison,
qui se décompose en partie et est en partie ex-

pulsé tel quel ; à mesure que le sang va recouvrant sa composition normale, le système nerveux retrouve aussi la sienne et ses fonctions se rétablissent peu à peu — en apparence assez rapidement ; en réalité, il faut beaucoup plus de temps qu'on ne le croit en général pour que les centres reviennent à leur activité normale ; bien que l'observation superficielle semble indiquer à l'entourage, peu habitué à de telles études, que tout va bien, le médecin et le physiologiste savent à quoi s'en tenir, et souvent le malade lui-même le sait parfaitement. Grâce à des méthodes expérimentales délicates et exactes, on peut, encore longtemps après une telle intoxication, déceler un trouble, moins profond sans doute, mais très réel, des fonctions centrales : lenteur et coordination imparfaite des réactions motrices et à plus forte raison de la psychicité ; j'ai constaté que des chiens, après l'injection sous cutanée d'une faible dose de morphine, par exemple, capable de produire des symptômes de légère dépression, superficiellement appréciables pendant deux ou trois heures seulement, s'en ressentent en réalité pendant deux ou trois jours, bien qu'ils semblent complètement remis. Cela s'applique, plus ou moins, à tous les poisons nervins ; et, soit dit en passant, ils produisent tous, à la longue, une intoxication chronique, c'est-à-dire des altérations *permanentes* des

éléments nerveux ; le seul moyen de l'éviter serait
de ne jamais renouveler la dose — si on tient à
s'abrutir de temps à autre — avant que l'effet de
la dose précédente soit *complètement* dissipé ; or,
c'est justement ce que les amateurs d'ivresses de
tout genre ne font pas : ils imbriquent les empoi-
sonnements et tombent tous, tôt ou tard, dans
l'intoxication chronique, avec dégénérescences irrémédiables.

On comprendra aisément que si les doses maxi-
males produisent de tels effets, les doses mini-
males ne produisent que des effets insignifiants,
de sorte qu'il y a loin de l'usage à l'abus ; mais il
est certain que les substances dont l'usage est le
plus universel et le plus fréquent, telles que le vin,
la bière, le thé, le café, ingérées même en petites
quantités, ne sont pas *sans* aucun effet sur le
fonctionnement cérébral ; toutes, elles exercent
une influence plus ou moins marquée sur l'excitabilité du cerveau et, partant, sur la manière
de sentir, de penser, de vouloir et d'agir des
hommes.

Abstraction faite de la présence, dans le sang, de
substances étrangères, non alimentaires et nullement indispensables à la nutrition, la *quantité*
et la *qualité* du sang qui irrigue le cerveau retentissent immédiatement sur le fonctionnement de
cet organe, le plus délicat de tous, et, en pre-

mier lieu sur la plus délicate de ses fonctions, l'activité psychique.

Nous avons vu, dans une de nos causeries précédentes, que la substance grise perd toute son excitabilité dès qu'elle est complètement privée de circulation ; mais si on *diminue* seulement, momentanément, l'afflux du sang au cerveau, son excitabilité *augmente* : un animal qui vient de subir une forte hémorragie, est dans un état de légère hyperesthésie ; au moindre contact, il réagit par un brusque soubresaut, comme s'il était sous l'influence d'une faible dose de strychnine ; — si on comprime les carotides chez un animal dont la région dite motrice des hémisphères est à découvert, on obtient les mouvements classiques que produit l'irritation de cette région au moyen d'une irritation beaucoup plus faible que lorsque le sang circule librement. Il y a des personnes qui sont tristes et pessimistes tant qu'elles sont couchées et qui deviennent gaies et optimistes dès qu'elles sont levées : il y a beaucoup moins de sang dans la tête pendant la station verticale que pendant le décubitus horizontal.

Or, une insuffisance d'irrigation, ou plutôt de nutrition, peut dépendre d'une teneur trop faible du sang en substances utiles, ou d'un trop petit nombre de globules rouges ou d'une proportion trop faible d'hémoglobine dans ces globules ; là est sans doute la chef de la « nervosité » des personnes anémiques : grande irritabilité et en même temps faible résistance. Enfin, avec un sang excellent et une bonne circulation, le *drainage* peut-être insuffisant ; c'est le mécanisme de la fatigue : le travail intense et prolongé occasionne une désintégration que la nutrition n'a pas le temps d'équilibrer, les produits de décomposition s'accumulent dans le tissu et leur présence enraie son fonctionnement.

D'autre part il y a des gens tellement habitués à se trouver sous l'influence de toutes sortes d'excitations artificielles, dont le besoin se fait d'autant plus sentir, qu'elles affaiblissent davantage le système nerveux, qu'ils ne peuvent plus s'en passer et que sans ces coups d'éperon et de cravache leur cerveau, à demi dégénéré, ne veut plus marcher ; l'absence de l'excitation factice devient pour eux une véritable souffrance. C'est ainsi que bien des gens sont incapables de travailler ou de s'amuser, d'être aimables, spirituels, — ou simplement à leur aise, si le toxique favori vient à leur manquer. J'ai eu, autrefois, pour maître de latin, un brave homme qui prisait avec frénésie ; un jour, il n'était pas dans son assiette, préoccupé, de mauvaise humeur, incapable de donner convenablement sa leçon ; il dut y renoncer : sa tabatière était vide ! Quoi de plus ridicule et de

plus humiliant qu'un pareil esclavage? — J'ai connu
un poète, homme des plus distingués, qui n'avait
d'élan et d'inspiration que lorsqu'il était plus ou
moins aviné; une dame écrivain, qui a publié de
fort jolies choses, un peu fantastiques, me dit un
jour que ses meilleurs morceaux avaient été composés pendant les légers accès de fièvre auxquels
elle était sujette, et en dehors desquels elle man-
quait d'imagination et de verve; ici, c'est la congestion et l'hyperthermie fébriles, trop légères
pour bouleverser la coordination psychique, qui
aiguillonnaient au contraire l'activité cérébrale. Il
y a dans la littérature médicale plusieurs observations de personnes qui, pendant le cours d'une
maladie aiguë, ont été plus instruites et plus intelligentes que d'habitude; cela arrive à des personnes ayant reçu dans leur jeunesse une bonne instruction, mais s'étant ensuite « encroûtées » dans
une occupation monotone et routinières; des notions acquises mais négligées, sortent peu à peu
du champ de la conscience; le train-train journa-
lier des associations d'idées passe à côté d'elles,
les voies réflexes qui auraient pu les évoquer s'o-
blitèrent; c'est l'oubli complet; mais elles réapparaissent lorsqu'une excitation insolite vient mettre
le cerveau en émoi, multiplier et accélérer l'évoca-
tion réciproque des reviviscences physiques. Inutile de dire qu'une telle excitation pathologique,

s'il lui arrive quelquefois d'aiguiser ainsi l'intelligence, produit habituellement une activité tout à fait désordonnée, le délire.

Arrêtons-nous à ces quelques brèves considérations ; il est clair que toutes ces influences et bien d'autres encore, altèrent constamment l'état du cerveau, et, partant, l'*état d'âme* des hommes ; le cours de nos idées, l'intonation de nos sentiments, la nature de nos décisions en sont continuellement influencés et modifiés : le même individu sent, pense, agit différemment selon qu'il est reposé ou fatigué, à jeun ou repu ; selon qu'il a bu du vin, du café, du lait, du bouillon, ou tout simplement de l'eau ; selon qu'il a fumé ou non ; car tout cela imprime à sa vie psychique une orientation différente et fait pencher son humeur du bon ou du mauvais côté. Nous avons tous à ce sujet des notions empiriques assez nettes, et nous en faisons, dans la vie journalière, de nombreuses applications, dans le but de *prédisposer* l'esprit d'autrui en faveur de nos projets et de nos désirs ; un bon dîner, par exemple, est pour certaines personnes un argument sans réplique.

§ III. L'ENSEMBLE DES SENSATIONS ÉPROUVÉES

Nous avons examiné deux des conditions directrices et déterminantes des réflexes cérébraux : la donnée anatomique permanente ou *organisation* proprement dite du cerveau et les fines altérations matérielles, structurales et chimiques, que subissent ses éléments histologiques, altérations constituant les *états* plus ou moins passagers du cerveau. Il nous reste à indiquer en quelques mots une troisième et dernière espèce de conditions, *purement dynamique* celle-là, ou *fonctionnelle*; nous entendons par là le fait d'une excitabilité plus grande ou plus faible, exagérée ou diminuée, quelquefois supprimée, sans que nous puissions déceler de cause *matérielle* dont la présence expliquerait le fait; il s'agit de phénomènes dans le genre de ceux dont nous avons parlé à propos d'inhibition et de dynamogénie : le diapason de la vibration nerveuse est modifié, — probablement par la présence ou l'absence d'autres vibrations —, sans que l'élément nerveux lui-même offre de modification constatable. Quoi qu'il en soit, ces hausses et ces baisses de l'excitabilité, qui se produisent simultanément dans différentes parties du cerveau, transforment naturellement du tout au tout l'activité psychique et, partant, la manière d'agir à laquelle elle aboutit; c'est ainsi que le même individu, se trouvant apparemment dans le même état, peut, à deux moments donnés, réagir tout différemment à des impressions qui semblent être les mêmes, mais qui *vis-à-vis de lui* ne le sont pas, — parce

qu'il est sous le coup d'autres impressions qui
agissent sur lui simultanément, ou qui ont précédemment agit sur lui.

Lorsque l'*attention* de quelqu'un est fortement
occupée par des sensations données, il est *distrait*
par rapport à tout le reste ; il remarque à peine
ce qui se passe autour de lui, on peut aller et venir
à son insu, il faut l'appeler à plusieurs reprises et
élever la voix si on veut être entendu ; la nouvelle
impression doit être plus forte que d'habitude pour
enrayer l'activité actuelle du cerveau et pour lui
imprimer, en s'imposant, une autre direction.
Lorsque quelqu'un désire vivement se concentrer
sur un sujet, il fait instinctivement le nécessaire
pour exclure les impressions étrangères à sa préoccupation, afin de délivrer son cerveau des interfé-
rences qui dérangeraient ses méditations : il recherche le silence, il ferme les yeux.

Dans sa forme la plus élémentaire, le phénomène
se réduit à l'action que les impressions extérieures,
simultanées ou se suivant coup sur coup, exercent
sur la réaction réflexe que chacune d'elles tend à
produire, — en y contribuant, en la renforçant,
en s'y opposant, en la supprimant ou en lui donnant une direction opposée.

Supposez que l'on offre à un singe un fruit qui
lui est inconnu, mais qui a bonne apparence et lui
semble appétissant ; l'impression visuelle qu'il en

éprouve lui est agréable, éveille le désir de posséder le fruit et le singe exécute les mouvements de préhension nécessaires pour s'en emparer. Alors se produit l'impression tactile ; cette nouvelle impression, si elle est mauvaise, arrête immédiatement les mouvements provoqué par la première : le singe abandonne le fruit ; si au contraire elle est bonne, il le porte à sa bouche, mais d'abord il le flaire : l'impression olfactive vient alors arrêter ou renforcer l'intention de le mettre dans la bouche : le singe jette le fruit ou y mord à belles dents ; impression gustative : si le goût lui plait, la mastication continue, suivie de déglutition ; mais si le goût lui semble mauvais, la mastication s'interrompt, les machoires s'écartent, la langue rejette le fruit et le singe se retourne furieux contre celui qui s'est joué de sa simplicité. — Dans cet exemple nous avons fait intervenir successivement, coup sur coup, les cinq sens, par voie d'impressions réelles sur les organes périphériques ; c'est le cas le plus simple d'interférence des sensations qu'elles éveillent.

Maintenant, qu'on essaie de renouveler l'expérience en offrant au singe le même fruit pour la seconde fois ; au premier coup d'œil, il s'en detournera avec indifférence, ou peut-être en faisant des démonstrations hostiles vis-à-vis de l'observateur ; c'est que, cette fois, l'impression visuelle n'est plus isolée et réduite à sa propre influence, mais, dès l'instant où elle se produit, elle évoque par réflexe intercentral la sensation désagréable dont elle a été suivie, la représentation, le souvenir de ce qui s'est passé alors. C'est ainsi que l'*expérience* fait l'éducation des individus; nous savons, en effet, que chez les animaux supérieurs et surtout chez l'homme, la sensibilité n'est plus, habituellement, la source direct de la motilité; c'est l'activité psychique qui actionne et guide leur conduite, tandis que les sensations « objectives » passent à l'arrière plan et ne sont plus que les causes occasionnelles des mouvements réflexes les plus simples, d'importance tout à fait secondaire. Il est bien rare qu'une impression sensitive n'éveille pas en tout premier lieu les sensations réflexes qui se sont groupées autour d'elle dès la plus tendre enfance et qui n'ont pas cessé de se multiplier depuis, grâce à l'expérience ultérieure; elle n'agit donc pour ainsi dire jamais seule, sauf peut-être dans des conditions exceptionnelles, lorsque par exemple, elle a une soudaineté une ou violence extraordinaire, comme un éclair ou un coup de canon, ou bien lorsqu'elle est absolument nouvelle et n'a aucun lien avec d'autres sensations précédemment éprouvées: un enfant qui s'est une fois brûlé à un fer rouge, se gardera bien d'y toucher une seconde fois: c'est l'histoire de Vendredi fourrant sa main dans l'eau que Robinson faisait bouillir et c'est l'histoire de toute *éducation* par expérience personnelle.

Or, le contenu de la mémoire, pour surgir au bon moment et pour déterminer les réactions de l'individu, n'a pas toujours besoin de dériver directement de l'expérience proprement dite ; il suffit, par exemple, que d'autres enfants assistent aux souffrances de celui qui s'est brûlé au fer rouge, pour que la vue d'un objet ardent évoque la représentation des souffrances qui s'ensuivent du contact avec cet objet ; on peut être sûr qu'ils éviteront de le toucher. Enfin, il suffit que la représentation du danger auquel on s'expose ait été fixée dans le cerveau par un récit bien fait, dit ou écrit, pour qu'elle surgisse à la vue de l'objet, comme si on en avait fait l'expérience.

De sorte que, pour compléter le tableau des conditions qui concourent à modifier la manière d'agir d'un homme, il faudrait embrasser ici *tout* ce qui concerne l'expérience individuelle, l'expérience collective des contemporains et l'expérience traditionnelle reçue des ancêtres ; il faudrait faire l'histoire de la civilisation du peuple dont l'individu fait partie, l'histoire de l'éducation qu'il a reçue, de la culture intellectuelle et morale qu'il a atteinte et l'étude des circonstances qui, en agissant sur lui, l'ont déterminé à se conduire de telle ou telle façon.

En fait, il est certain que l'adolescent agit autrement que l'enfant, l'homme mûr autrement que le jeune homme, le sauvage autrement que l'homme civilisé, et au sein du même peuple, l'homme instruit et cultivé autrement que l'ignorant et inculte.

On voit, en somme, que si les impressions extérieures sont les instigatrices premières de nos actions, elles ne font agir chacun de nous que par l'intermédiaire des potentialités fonctionnelles accumulées dans son cerveau ; et cela explique comment il se fait que, devant la même tentation, par exemple, l'un y cède aveuglément, un autre se retient pour ne pas s'exposer aux peines prescrites par le code pénal, ou simplement pour ne pas encourir la réprobation de ses semblables ; un troisième, enfin, fait abstraction des lois, des punitions et des récompenses, humaines et divines, et se règle uniquement d'après sa propre conscience, sa propre idée du bien et du mal ; s'il lui arrive de faillir, il ne souffre pas de la peine ou du blâme qu'on peut lui infliger, mais de ses propres remords, du verdict qu'il porte lui-même sur sa conduite ; s'il résiste aux impulsions qu'il juge mauvaises et ne s'abandonne qu'à celles qu'il juge bonnes, c'est qu'il ne veut pas se déconsidérer à

ses propres yeux, il veut pouvoir s'estimer lui-
même, il n'est heureux qu'à ce prix et il tient à
ce bonheur-là plus qu'à la vie [1].

§ IV. VOLONTÉ, LIBERTÉ, MORALITÉ

D'importantes questions psychologiques se rattachent aux conclusions auxquelles nous a con-
duits l'étude que nous venons de faire de l'action
réflexe sous toutes ses faces ; ce sont les ques-

[1] A la page 197 de mon volume intitulé *Le cerveau et l'activité cérébrale au point de vue psycho-physiologique* (J.-B.
Baillière, Paris, 1887), je disais :

« Il nous reste une grosse question à examiner. L'activité
cérébrale est tantôt consciente, tantôt inconsciente : qu'est-ce
que cet élément nouveau, que nous n'avons pas pris en considé-
ration jusqu'à présent, — qu'est-ce que la *conscience ?*

« Son *essence* nous est aussi inaccessible que l'essence de
toute autre chose ; il y a des faits primordiaux, irréductibles,
inexplicables, que nous ne pouvons qu'accepter comme tels ;
c'est déjà beaucoup si nous réussissons à préciser les *conditions* dans lesquelles ils se manifestent, — c'est même là tout
ce qu'on peut demander à la science ; le pourquoi n'est pas de
son ressort.

» Nous ne sommes guère plus avancés par rapport aux phénomènes physiques les plus simples : pourquoi est-ce que l'eau
s'évapore à 100° et se solidifie à 0° ? Qu'en savons-nous ? Nous
pouvons seulement *constater* qu'il en est ainsi et que la principale condition pour avoir de la glace, de l'eau liquide, ou de
la vapeur, c'est une certaine température, — basse, moyenne
ou élevée. On ne demande pas au physicien d'aller plus loin ;
de quel droit le demanderait-on au psycho-physiologiste ?

« *Pourquoi* est-ce que, *dans certaines conditions*, l'activité
nerveuse devient consciente ? Nous l'ignorons ; mais nous com-
mençons à connaître les conditions dans lesquelles elle l'est, et
en l'absence desquelles elle ne l'est pas. »

Ces conditions, je les ai amplement étudiées dans le volume
en question (p. 199 à 274), et comme je ne pourrais ici que répéter mon exposé d'alors, je me permets d'y renvoyer les lec-
teurs que ces sujets intéressent.

tions concernant la *volonté*, la *liberté* et la *moralité*.

Un grand nombre de personnes s'imaginent que les constatations de la psycho-physiologie enlèvent à ces mots tout sens et privent de toute valeur les choses qu'ils indiquent ; peut-être cela est-il le cas pour le sens que ces mots symbolisent dans l'esprit de ces personnes, — mais nullement pour celui qu'ils acquièrent grâce précisément à ces constatations. Il n'est point de question où plus que dans celle-ci, se soit donné libre carrière l'éternel et fatal travers de l'esprit humain : la passion de courir aux explications avant de posséder les données indispensables pour tenter une explication tant soit peu probable, au lieu de faire un saut dans le vide et de peupler ce vide de fantômes imaginaires, auxquels on attribue ensuite une réalité objective [1].

Rien n'a égaré l'esprit humain davantage et n'a

[1] Qu'on relise ce que dit Cuvier de la vie (p. 9). D'un bout à l'autre de l'échelle anthropologique, c'est la même chose : au bas, le fétiche est en bois ; en haut, il est fait d'abstractions détachées de leur support réel et érigées en entités métaphysiques ; entre deux, toutes les mythologies des différents peuples à différentes époques. Et il est vraiment curieux de voir combien toutes ces mythologies s'inspirent au même système : attribuer à quelque chose de matériel ou d'immatériel ses propres qualités, — les mauvaises d'abord, les bonnes et les mauvaises ensuite, enfin les bonnes seulement, et puis, arrivés à cette dernière phase, affirmer qu'on ne les possède pas par soi-même, mais qu'on les reçoit en guise de don, de grâce ou de révélation ; on oublie qu'elles ne font qu'un voyage de retour, comme certaines marchandises indigènes qu'on exporte pour les réimporter et les faire passer pour exotiques !

plus efficacement enrayé le progrès de la connaissance, que cette soif *d'explications immédiates, à tout prix*, et cette manière d'en forger de prématurées ; car, une fois implantées dans l'intelligence, elles y créent une sorte de prévention contre les explications vraies, qui jaillissent peu à peu des conquêtes lentes et tardives du savoir.

L'esprit scientifique, par le contrôle qu'il impose, est le plus grand correctif de ce vice intellectuel ; aussi ce dernier sévit-il d'autant moins que le savoir acquis par la méthode scientifique dirige plus sûrement — comme une boussole — notre marche de l'inconnu à la vérité et nous empêche d'aller à la dérive, au gré des rêves subjectifs. A cet égard, le progrès accompli depuis cent ans est immense.

Je vais maintenant essayer d'exposer aussi courtement et aussi clairement que cela m'est possible ce qu'il faut entendre par *volontaire, libre* et *moral*, si on tient à ne pas être en désaccord avec les résultats de la psycho-physiologie actuelle ; j'ai à dessein employé les adjectifs et non les substantifs, parce que ces derniers restent, par habitude intellectuelle et verbale, toujours plus ou moins entachés précisément de la *substantialité* qu'on leur a autrefois attribuée, tandis que les premiers indiquent simplement des *qualités réelles* qui caractérisent certains états d'âme des hommes, dont découlent la direction que prennent les représentations, l'intensité qu'elles acquièrent, le degré de leur tendance à l'exécution, et, finalement, l'action.

Tâchons d'abord d'établir la distinction entre ces trois qualités saillantes; nous verrons ensuite qu'il y a dans les actions humaines, caractérisées surtout par l'une ou l'autre des qualités en question, toujours un mélange tel, que la qualité prépondérante n'est précisément que prépondérante, et jamais exclusive.

Si chacune de nos actions est le produit de facteurs indépendants de nous, que nous ne dominons pas, mais qui nous dominent au contraire, quelle est la différence entre mouvements *volontaires* et *involontaires?*

Quand un mouvement suit *immédiatement* l'impression extérieure qui le provoque, quand il est manifestement l'effet direct de l'irritation, perçue ou non, il est involontaire; il s'accomplit même inconsciemment et ne devient conscient qu'*après coup,* parce qu'on *voit* le déplacement du membre qui a bougé, et il est bien clair que nous ne saurions vouloir un mouvement sans en avoir d'abord clairement conscience. Quand, au contraire, l'impression extérieure, perçue ou non, provoque non un mouvement, mais des séries de sensations réflexes, d'images, d'intentions, de désirs, accompagnés de l'esquisse des mouvements aptes à donner satisfaction ; quand, surtout, il s'établit dans la conscience une sorte de lutte entre les représentations favorables et défavorables à l'acte projeté, lutte dont l'issue est ignorée ou pour le moins incertaine ; quand, enfin, après une période d'incertitude entre le *pour* et le *contre*, la tendance à agir de telle ou telle façon l'emporte sur toute autre, — alors l'action qui en résulte est une action *volontaire*. La condition essentielle pour qu'un mouvement soit volontaire, c'est qu'il soit conscient *d'avance* : l'apparition de l'image du mouvement en question, phénomène entièrement dévolu aux lois de l'association des idées, donne aux représentations en train de se dérouler une tendance centrifuge, motrice, qui constitue la *velléité* d'exécuter ce mouvement et qui, lorsqu'elle l'emporte décidément sur celles de s'en abstenir ou de faire autre chose, devient la *volonté* de le faire ; le mouvement s'exécute alors ; mais il n'en est pas moins réflexe pour cela ; seulement c'est un réflexe compliqué, indirect, dont l'accomplissement a mis en jeu les ressorts intimes de l'individu ; il est, par conséquent, l'expression de la forme particulière que prennent chez cet individu les groupes et les séries de représentations qui constituent son activité psychique ; l'individu en est un des facteurs

— le principal — et il le sait ; il y a mis du sien et il en reconnait la paternité : il l'a *voulu*, c'est *lui* et lui *seul* qui l'a voulu.

La distinction entre mouvements volontaires et involontaires n'est donc nullement infirmée par le fait que les uns et les autres sont des mouvements réflexes, mais il y a réflexe et réflexe. De sorte qu'en somme, « la conduite des hommes, comme Ch. Secrétan l'a si bien dit, n'est que la résultante de plusieurs mobiles ». Et ailleurs il fait encore cette remarque profondément vraie : « les actes de la volonté n'apparaissent à la conscience qu'après leur accomplissement ». Dans cette remarque, il ne s'agit évidemment pas de l'*exécution* de la volition, de l'acte centrifuge, musculaire, mais de la *formation* des volitions : elles émergent de l'inconscient et sont déjà formées lorsque la conscience en constate l'apparition. Ici, comme partout, le travail réflexe intermédiaire d'excitation des neurones centraux les uns par les autres, est tout à fait inconscient, et la conscience ne perçoit que le résultat de ce travail. La résolution de l'individu est vite prise, lorsque ce résultat est unique, c'est-à-dire lorsque certaines idées à forte tendance motrice l'emportent d'emblée sur les autres ; l'agent passe au contraire par une hésitation plus ou moins longue lorsque ce résultat est multiple, c'est-à-dire lorsque différentes représentations qui le poussent dans des directions contraires, se tiennent pendant quelque temps en équilibre. Sa conscience suit alors en spectatrice leur enchaînement et leur déroulement, et c'est ce qu'on appelle réfléchir ou délibérer. La rapidité ou la lenteur de la décision dépendent entièrement du tempérament individuel ; il y a des gens qui ne se décident jamais, d'autres qui prennent beaucoup trop vite les résolutions les plus graves : Hamlet et Othello. Le même individu est tantôt prompt, tantôt lent à se décider, à agir : il y a conflit entre les sentiments et la raison, ceux-là poussant à une chose que celle-ci désapprouve, ou cette dernière prescrivant une résolution qui répugne aux premiers ; plusieurs sentiments, plusieurs raisonnements peuvent être en désaccord ; l'exécution ne vient que lorsque, pour le moins momentanément, il n'y a plus de conflit, — tout le processus, ainsi que son issue, dépendant, en outre, de l'état dans lequel se trouve l'agent sur le point d'agir, ainsi que nous l'avons vu dans les paragraphes précédents.

Mais, dit-on, si la décision finale intervient au moment où il ne surgit plus de représentation nouvelle capable de l'enrayer ou de la détourner, cette décision est peut-être « volontaire », dans le sens ci-dessus indiqué, mais elle n'est pas *libre*, puisqu'elle sort de l'inconscient et s'impose à l'agent ; celui-ci ne pouvait donc pas ne pas la prendre, il ne pouvait pas agir autrement.

Oui, certes, pour que le résultat fût autre, il aurait fallu que, pour le moins, *une* des conditions (relative soit à l'agent, soit aux circonstances extérieures) fût autre ; et c'est une grande erreur de croire que *cet* homme, dans *ces* circonstances, aurait pu agir différemment. Ce qui est vrai, c'est qu'une autre *action* était *possible* ; mais c'est là une possibilité purement théorique, qui n'existerait pas si nous pouvions connaître et *prévoir* toutes les conditions d'une action future, et qui disparaît, en effet, lorsqu'il s'agit d'actions passées ; sans doute, si l'agent s'était trouvé au milieu d'autres circonstances, il aurait agi différemment, ou bien, dans les mêmes circonstances, un autre individu aurait agi différemment, ou encore, le même homme, se trouvant dans un autre état, aurait agi différemment dans les mêmes circonstances ; mais, en réalité, c'est un individu donné, dans un état donné, et au milieu de circonstances données, qui a agi d'une façon donnée ; et, dans ces conditions, le résultat ne pouvait pas être différent, et devait nécessairement être ce qu'il a été ; les défenseurs de l'ancienne idée de liberté métaphysique auraient eux-mêmes été fort étonnées s'il en avait été autrement, c'est-à-dire si l'individu avait agi en désaccord avec son tempérament, son caractère, son éducation, etc. — Ces facteurs sont, en effet, d'une efficacité tellement évidente et indubitable, que tous, tant que nous sommes, nous fondons sur eux nos prévisions au sujet de la manière d'agir d'autrui; et comment pourrait-on, en vérité, compter sur la conduite d'un homme, s'il pouvait agir indépendamment de ces facteurs ? [1]

[1] On accuse souvent la « science » de démolir la notion du libre arbitre et de lui substituer le déterminisme, que l'on envisage comme démoralisant. Mais le seul rôle de la science n'est-il pas de constater des faits qui, une fois établis, confirment telle ou telle manière de voir, ou infirment telle ou telle autre? Elle n'a pas fait autre chose dans la question du libre arbitre ; elle n'a pas inventé ou découvert le déterminisme; on oublie trop que, de tout temps, il y a eu des philosophies entières et des religions entières qui niaient le libre arbitre ; il n'a jamais eu d'adversaires plus implacables que les grands réformateurs, qui le considéraient comme la négation de l'existence de Dieu ; tandis que d'autres écoles et d'autres sectes le soutenaient au contraire avec le même acharnement. La controverse pouvait durer indéfiniment, sans jamais arriver à une solution, car les plus beaux raisonnements ne sont pas des *preuves*, lorsqu'ils ne s'appuient point sur des faits. La science, en fournissant les faits indispensables à l'intelligence de la question, a simplement montré que les défenseurs du libre arbitre se trompaient et que ses adversaires avaient raison.

La même accusation pourrait d'ailleurs, et avec beaucoup plus de raison, être adressée à la psychologie pure, introspective, car elle a depuis longtemps établi les lois de l'association des idées, lois fixes, auxquelles on ne peut pas se soustraire ni rien y changer ; la physiologie n'a fait que révéler le mécanisme nerveux de cette association. Or l'existence de lois fixes exclut la possibilité de la coexistence d'une faculté permettant de les éluder ; de sorte que la psychologie pure donne, elle aussi, raison aux adversaires du libre arbitre. C'est pour cela que « nul n'est maître de ce qui lui vient à l'esprit », selon l'excellente expression de St-Augustin, et que nous ne pouvons pas, à volonté, *faire* surgir telle ou telle idée du laboratoire cérébral où elles se préparent et dont elles surgissent ou ne surgissent pas, selon l'ensemble du travail inconscient. De deux choses l'une : ou bien les lois en question n'existent pas, ou bien la liberté de les enfreindre n'existe pas.

D'autre part, il est certain que nous avons tous, adversaires et partisans de la liberté métaphysique, le sentiment très net que nous sommes souvent libres de nos actions. Y a-t-il donc là une contradiction, une antinomie irréductible ? Non : mais il faut, pour la faire disparaître, se bien entendre sur le sens des mots. La plupart des hommes croient qu'ils sont libres parce qu'ils peuvent *faire* ce qu'ils veulent et ne se doutent même pas que c'est là une question d'*exécution* où le problème de la liberté n'est nullement impliqué ; ce problème concerne uniquement la formation des volitions et consiste à savoir si on peut, indépendamment des motifs déterminants, *vouloir* ce qu'on veut.

Que signifie donc exactement ce mot de liberté ?

Par liberté *physique, extérieure*, on entend l'absence d'obstacles à l'exécution de ce que l'on a voulu ou, en général, au déploiement de l'activité propre du sujet : c'est ainsi qu'on dit : un oiseau libre de voler, l'air libre de circuler, la balance libre de s'abaisser d'un côté ou de l'autre, l'homme libre de rester à la maison ou d'aller se promener. La liberté physique est donc un concept purement négatif : en soi, elle n'est rien : elle est *l'absence d'obstacles*.

Or, il en est exactement de même de la liberté *intérieure, psychique* ou « *morale* ». Michelet, un des cœurs les plus généreux de France, a dit : « La liberté consiste à suivre la voix nullement capricieuse de la conscience, interprète intérieur du droit et de la raison. » Oui, mais justement parce que la conscience est un *interprète*, elle ne doit et ne peut *improviser*. En langage plus précis, et avec plus de rigueur scientifique, nous pouvons dire : la liberté consiste à *suivre les lois de notre propre être*, — ce qui n'est pas du tout le pouvoir de *dicter* ces lois ou de les *diriger*, comme se le figurent les défenseurs du libre arbitre ; et, de même que la liberté extérieure, la liberté intérieure ne subsiste que s'il y a *absence d'obstacles* intellectuels ou moraux, si aucune *contrainte* ne violente le jeu de la loi propre à l'être intime de l'agent.

De quelque façon qu'on l'envisage, la liberté est donc toujours un concept purement négatif et ne signifie absolument rien autre que *l'absence d'obstacles extérieurs ou intérieurs, physiques ou psychiques, intellectuels ou moraux*.

Il y a différentes espèces de coercition psychique, les unes s'opposant à l'action, les autres y poussant ; un homme qui désire vivement agir d'une certaine façon que, dans son for intérieur, il approuve, mais qui s'en abstient par crainte des conséquences pénales ou du blâme qu'elle peut entraîner, n'agit pas librement ; celui qui, au contraire, n'a nulle envie de faire une chose que, dans son for intérieur, il désapprouve, mais qui la fait néanmoins en vue de la récompense ou des louanges qu'il en espère, n'agit pas librement non plus. Tout ce qui est fait *à contre-cœur* n'est pas fait librement : il y a obstacle ou contrainte ; seule la manière d'agir qui est l'expression vraie, pure et simple du tempérament, du caractère et de toute la mentalité de l'individu, — reflet fidèle de son âme et de son état d'âme, — seule cette manière-là est vraiment *libre*.

Le concept *positif* qui correspond à quelque chose de réel et de vivant et qui évince et remplace peu à peu l'ancien concept du libre arbitre, c'est celui d'*invidualité*. Les volitions de l'individu sont en effet le produit de son organisation physique et psychique, en partie héritée, en partie acquise et plus ou moins modifiée par les circonstances et par son état actuel. Chaque individu est un foyer où se dégage l'énergie psychique avec une modalité à lui propre, qui imprime à sa conduite son cachet personnel ; la liberté réelle de l'individu consiste donc uniquement (je tiens à insister sur ce point) à pouvoir réagir *à sa manière à lui*, selon les préférences, les désirs, les réflexions et les volitions éveillées *en lui* par le concours des circonstances. C'est pourquoi, bien que nos actions, envisagées objectivement, soient nécessaires, nous sentons subjectivement que nous agissons librement, — toutes les fois, bien entendu, que nous ne sommes pas contraints; nos actions sont alors la manifestation de notre essence individuelle; et, dans ce cas, actions et agents sont réellement *libres*.

Le sentiment universel de liberté est donc parfaitement justifié et répond à la réalité intime des choses, car il est l'expression consciente de notre contribution personnelle à l'orientation générale de notre conduite et à chacune de nos actions intentionnelles, lorsqu'elles sont la manifestation pure de la loi de notre propre être. « A l'arbitraire d'un libre arbitre inintelligible, dit admirablement Fouillée, nous substituons l'intelligibilité et la loi. »

Une autre question, connexe avec celles de la volonté et de la liberté, est la question de la *moralité*, ou, plutôt, c'est encore la même question envisagée à un autre point de vue.

L'homme ne vivant pas isolé, mais en société, ses actes et ses paroles retentissent sur ses semblables et exercent sur eux une influence bonne ou mauvaise, utile ou nuisible; la vie en commun n'est possible que si l'individu tient compte de la collectivité et recherche un équilibre satisfaisant entre les deux sentiments fondamentaux inhérents à sa nature et qui sont à la base de ses actions : *l'égoïsme* et *l'altruisme*; ces deux sentiments ont leur source profonde, l'un dans l'instinct de la conservation de l'individu (nutrition, etc.), l'autre dans l'instinct de la conservation de l'espèce (reproduction, dont jaillissent l'amour des petits, de la famille, de la tribu, etc.).

L'art de la conduite humaine, individuelle et sociale, consiste dans l'harmonisation de ces deux tendances, dans l'accord des intérêts physiques et psychiques de chacun avec ceux de tous. Tout peuple a de tout temps eu sa morale, un ensemble de règles destinées à guider la conduite des hommes, et que l'on inculque dans ce but aux enfants. Ces règles ont énormément varié selon les races et les époques; elles prescrivaient chez les uns des choses qu'elles condamnaient chez les autres; au sein du même peuple, elles sanctionnaient à telle époque ce qu'elles flétrissaient à telle autre; mais, avec les progrès de la civilisation, elles tendent à s'unifier, parce que l'idée du bien et du mal devient à peu près la même pour tous et, chez les peuples civilisés, les principes fondamentaux de la morale sont déjà suffisamment fixés, en théorie du moins; on ne les pratique pas toujours, mais on n'ose plus les nier; ils commencent à pénétrer dans tous les rapports humains, interindividuels, sociaux, politiques et internationaux. Sous l'impulsion unifiante et irrésistible de la science et de ses admirables applications, l'humanité civilisée prend rapidement conscience des sentiments de justice, de tolérance, de solidarité et de fraternité, et a fait, dans ce sens, plus de progrès en cent ans que pendant les cent siècles qui ont précédé. — Bon augure pour l'avenir !

Or, quel que soit le contenu, très variable, des règles de morale concrète, admise par tel ou tel peuple, il y a toujours, au fond de toutes, deux principes abstraits qui sont partout les mêmes, chez l'homme sauvage aussi bien que chez l'homme civilisé ; ce dernier exprime seulement explicitement ce que le premier éprouve implicitement et ne sait pas exprimer :

1° La moralité de l'individu humain *pris isolément*, consiste à agir partout, toujours et à tout prix d'une façon conforme à ses convictions intimes, à ce qu'il considère, dans son for intérieur, comme étant « bien » ou « mal », comme devant être fait ou comme devant être évité, bref, comme son « *devoir* ».

2° La moralité de l'individu humain envisagé comme *membre d'une communauté*, consiste à agir partout, toujours et à tout prix (même au prix du sacrifice de soi-même) d'une façon conforme à ce qu'il croit être favorable au plus grand bien des autres et de la communauté tout entière.

Je dis : ce qu'*il* croit être le bien de la collectivité, et non ce que la morale admise dans cette société prescrit, car cela serait l'écrasement de toute initiative et de toute supériorité individuelles, de toute réforme et de tout progrès, la réduction de la société humaine à l'automatisme complet des sociétés d'abeilles ou de fourmis. Sans doute la conscience individuelle est sujette à des aberrations extraordinaires, et, pour rendre possible la vie en commun, elle a besoin d'un correctif ; ce correctif, c'est la conscience collective, la morale courante, synthèse de l'expérience séculaire de nos ancêtres, — celle précisément que l'on enseigne aux enfants ; mais il faut bien se garder de la prendre pour infaillible ; elle a, aussi, souvent besoin d'être éclairée et redressée par la conscience individuelle ; elle a, en effet, dans le cours des siècles, admis et sanctionné des choses abominables, qui disparaissent peu à peu : l'anthropophagie, les sacrifices humains, l'esclavage, les persécutions religieuses ou politiques ; actuellement encore elle tolère des iniquités manifestes, telles que l'encasernement officiel de femmes sacrifiées à la luxure des hommes ou l'assassinat international, la guerre ; il est vrai que le nombre de ceux qui les désapprouvent va rapidement en augmentant ; la conscience collective s'épure peu à peu sous l'influence des facteurs généraux de la civilisation, et ne tolère plus aujourd'hui une foule de choses qu'elle approuvait autrefois.

La marche est lente, il est vrai, parce que dans le domaine moral, comme dans tous les autres, les traditions, les habitudes et les mœurs héritées, véritables atavismes psychiques, ont une ténacité extraordinaire, et, de même que pour l'acquisition et l'extension du savoir, l'avant-garde est peu nombreuse et le gros de l'armée suit lentement. Mais on avance quand même, et c'est ainsi que l'humanité civilisée d'aujourd'hui est, malgré tout, meilleure que celle du siècle passé, et ira s'améliorant encore, — à moins, toutefois, qu'on n'admette, sans l'ombre d'une raison valable, que l'évolution a atteint sa dernière limite et que l'homme est condamné à tout jamais à rester tel qu'il est aujourd'hui.

Mais revenons à l'activité individuelle. Il est clair qu'en elle-même une *action*, quelle qu'elle soit, est un événement quelconque, tantôt indifférent, tantôt utile ou nuisible et, comme tel, approuvé ou désapprouvé par la majorité des contemporains ; mais elle n'est ni morale ni immorale, pas plus que la pluie qui fait germer la récolte ou la grêle qui la détruit. C'est l'*agent* qui est moral ou immoral ; et il l'est uniquement selon qu'il a agi conformément ou contrairement à ce que *lui* il croit être son devoir vis-à-vis de lui-même et

vis-à-vis des autres ; il est moral s'il l'a accompli
et immoral s'il y a sciemment manqué. Chacun
conviendra qu'un homme qui fait non ce qu'il juge
être bien, mais ce que *les autres* envisagent
comme tel, n'est pas moral, — pas plus que celui
qui s'abstient d'une action non parce qu'il la juge
mauvaise, mais parce que *les autres* la condam-
nent. Il y a beaucoup de gens comme cela ; et, au
point de vue de la défense et de la sécurité sociales,
il suffit que le troupeau obéisse à l'éperon ou ronge
le frein ; mais au point de vue personnel et moral, il faut autre chose : il faut que l'homme suive
la voix de sa conscience et cette voix seule, car
elle est celle de ses sentiments éclairés par sa raison et constitue le *seul* criterium du bien et du
mal pour chacun d'entre nous et pour nous tous,
quelles que soient nos théories sur *l'origine* du
bien et du mal. Tant il est vrai, que lorsqu'il l'é-
touffe, il sent parfaitement la lâcheté ou l'indignité de sa conduite, il est mécontent de lui-
même, il souffre de cette contradiction intérieure
et ne saurait être vraiment heureux. Ce désaccord
entre la théorie et la pratique est extrêmement
fréquent ; il a pour cause un vaste ensemble de
conditions historiques et psychologiques qui ont
développé chez le grand nombre la funeste habitude d'afficher une morale et d'en pratiquer une
autre ; il en est plus ou moins ainsi dans toute

l'étendue de l'activité humaine, privée et publique.
Aussi, le but suprême de l'éducation — bien rarement atteint — est-il d'établir l'accord intérieur,
de développer, dès l'enfance, une harmonie aussi
complète que possible entre la morale professée
et la conduite dans la vie privée et publique ; sa
tâche principale consiste à former ainsi des volon-
tés plus fortes, des consciences moins élastiques,
des caractères plus entiers, des personnalités morales qui ne tergiversent point avec leurs convictions, qui les proclament envers et contre tous, qui
y conforment leurs actions et qui mettent la maxime
« fais ce que dois, advienne que pourra » au-dessus
de tout, au-dessus, notamment, de leurs intérêts
personnels, de leurs caprices et de leurs passions.

Donc, en conclusion :

Lorsqu'une série de mouvements est sciemment
combinée en vue d'un but prévu par l'agent, celui-ci agit *volontairement*.

Lorsque la volition qui détermine l'action est la
manifestation de la nature intime de l'agent, sans
aucune contrainte, il agit *librement*.

Lorsque l'action est l'expression de l'idée que
l'agent s'est faite de son « devoir » (approuvée ou
non par la majorité de ses contemporains), il agit
moralement.

Il ne faut cependant pas prendre cette classification trop au pied de la lettre ; toute division, en

catégories distinctes, de phénomènes aussi complexes, fugaces et fluctuants ne saurait avoir qu'une valeur très relative, car ils se touchent, se mêlent et se combinent de mille manières.

Si, d'une part, il est évident que, d'après nos définitions, une action *morale* (au point de vue individuel, et non social) doit nécessairement être libre, et qu'une action *libre* doit nécessairement être volontaire, — d'autre part, dans l'ordre inverse, il n'en est pas ainsi : une action *volontaire* n'est pas nécessairement libre ; elle ne l'est pas dans le cas où il y a contrainte physique ou morale ; le nègre fait volontairement le travail pour le planteur, mais il le fait sous la menace du fouet, donc pas librement ; de même un ouvrier forcé de se contenter d'un salaire qui ne suffit pas pour vivre sainement, ou un homme qui va à l'église pour des raisons étrangères à la conviction. Puis, une action *libre* n'est pas nécessairement morale ; elle ne l'est pas lorsque l'agent la désapprouve lui-même dans son for intérieur : un joueur ou un débauché, qui savent très bien qu'ils font des choses indignes, honteuses, qui se les reprochent tous les jours et qui tous les jours récidivent, pour se désoler de nouveau et pour se mépriser eux-mêmes, agissent librement, suivant leur nature perverse, mais certes pas moralement.

Néanmoins, la machine humaine est une machine tellement compliquée, ses rouages sont si nombreux et sa plasticité si grande, que des exemples typiques de nos trois qualités d'actions sont de rares exceptions, et les neuf dixièmes des hommes agissent sous l'influence simultanée d'une foule de motifs différents et souvent antagonistes : les motifs de sentiments et les motifs de raison, — sentiments et raisonnements originels, primesautiers, jaillissant de la source profonde de l'hérédité, d'une part, et d'autre part, sentiments et raisonnements acquis, artificiels, greffés par l'éducation : l'habitude devient une nouvelle nature, plus ou moins conforme à l'ancienne ; souvent hostiles l'une à l'autre, elles finissent par se fondre plus ou moins et cette modification de la nature première par l'expérience se poursuit pendant toute la vie. On comprend dès lors que dans toute action, à moins qu'elle ne soit ou absolument indifférente, ou l'effet d'une subite explosion de passion, se trouve impliqué un mélange inextricable de tous ces éléments psychiques : de telle sorte que bon nombre de nos actions volontaires sont en même temps plus ou moins libres ou forcées et que bon nombre de nos actions libres sont en même temps plus ou moins morales ou immorales. N'empêche que le trait caractéristique d'une action morale c'est le fait d'être conforme aux convictions de l'agent au sujet de son devoir, et que le trait distinctif d'une action libre c'est d'être conforme aux tendances intrinsèques de l'agent, sans mélange d'influences extrinsèques coercitives ou, pour le moins, non encore assimilées.

Je ne vois pas en quoi cette interprétation psycho-physiologique diminue la valeur des choses signifiées par les mots de volonté, liberté, moralité ; elle les rattache à leur inévitable substratum, l'organisme, et en dévoile les rouages cachés ; elle les ramène à la réalité et les explique. Or, « c'est seulement pour les esprits vulgaires, a dit J. St. Mill, qu'un objet grand et beau perd de son charme en perdant de son mystère, en révélant une partie du secret mécanisme au moyen duquel la nature le réalise. »

La seule pierre de touche que possèdent les hommes pour distinguer entre le bien et le mal, c'est, je le répète, *leur conscience*, quelles que soient d'ailleurs leurs convictions religieuses ou philosophiques, qu'ils soient sauvages ou civilisés, cultivés ou ignorants ; là n'est pas le désaccord entre les « scientistes » et les métaphysiciens, il gît uniquement et tout entier dans l'idée qu'ils se font de l'*origine* de la distinction entre le bien et le mal. Pour les uns, cette origine est *en dehors* de l'homme ; pour les autres, elle est *en lui*. Cette dernière idée a sur la première l'avantage immense de correspondre à un fait anthropologique incontestable : l'existence, chez les différents peuples, ainsi que chez le même peuple à différentes époques, d'appréciations radicalement différentes, opposées et inconciliables, au sujet du bien et du mal ; elle explique ces diversités de la façon la plus naturelle, tandis que l'autre est en contradiction flagrante et irréductible avec leur existence, qui est pour elle une énigme absolument inexplicable.

Sans doute, les théories que nous formulons ne changent rien aux faits eux-mêmes, et la morale humaine restera imperturbablement ce qu'elle est, quelles que soient les théories que nous adoptions à son égard. Mais il n'est pourtant pas indifférent d'être dans le vrai ou à côté, surtout dans une question qui touche de si près à la vie des hommes en commun ; toute leur orientation psychique par rapport à eux-mêmes et à leurs semblables en est influencée de façon à entraver ou à favoriser leur développement ultérieur. En effet, la théorie de la morale extrinsèque à l'homme le porte au mépris de la nature humaine, l'homme étant considéré comme un être mauvais et déchu, tandis que l'autre le porte à apprécier à sa juste valeur la nature humaine, qui est celle d'êtres imparfaits, mais en train de se perfectionner.

Et cela n'est pas sans retentir sur la façon dont on conçoit la dignité humaine en général et sa propre dignité en particulier. Les uns pensent qu'il est plus digne d'être, au point de vue de la morale, une sorte de réceptacle passif, auquel certaines règles sont prescrites sous forme d'« impératif catégorique », et qui s'y soumet et les exécute pour ainsi dire « par ordre », pour complaire à l'autorité ; les autres pensent, au contraire, qu'il est plus digne d'arriver soi-même, par son propre jugement et son travail intérieur, à une conception personnelle des principes directeurs de la conduite individuelle et sociale de l'homme, et de s'y conformer par conviction.

La controverse sur l'origine de la morale se réduit en somme à ceci : pour les uns, l'homme reçoit la morale toute faite ; elle n'est pas *à lui*, mais plutôt *contre* lui ; pour les autres, elle sort de son sein, efflorescence de son développement et de sa culture ; les uns en font une chose étrangère à la nature humaine, les autres, un apanage inhérent à cette nature.

Or, il est de toute évidence, pour quiconque est tant soit peu au courant des constatations de la biologie et notamment de la psychophysiologie actuelles, que cette dernière manière de voir est en parfait accord avec la science, tandis que l'autre est avec elle en pleine contradiction.

La science supprime en effet non seulement la scission de l'être humain en deux essences différentes et hostiles, pour en rétablir l'unité foncière et indivisible, mais aussi l'abîme que l'amour-propre a voulu creuser entre lui et le reste du monde organique. Pour elle, l'homme, loin d'être apparu tout à coup, sans attache avec les êtres qui l'ont précédé, renferme en lui, outre son hérédité parentale et familiale, toute l'hérédité ethnologique de sa race et toute l'hérédité biologique de son espèce ; il est, au physique et au moral, le représentant de toutes ces hérédités ; il est, pour ainsi dire, le sommet d'une pyramide qui va rapidement en s'élargissant et dont la vaste base coïncide avec les débuts du monde organique, sortant du monde minéral ; son corps et son âme sont l'expression simultanée de l'évolution phylogénétique et ontogénétique dont il est issu ; son intelligence et ses sentiments sont des attributs aussi inaliénables de son être que la forme de ses extrémités et les traits de son visage, — et sa morale est un produit supérieur de ses sentiments, éclairés et guidés par son intelligence. Quelle base plus solide pourrait-elle donc avoir que la charpente même de l'univers, et quel impératif saurait être plus catégorique que celui qui est l'expression de la nature intime de l'homme ?

SOMMAIRE DES CHAPITRES